A. GOIN, éditeur, quai des Grands-Augustins, 41, PARIS.

BIBLIOTHÈQUE DE L'AGRICULTEUR PRATICIEN

TRAITÉ COMPLET

DE

MÉCANIQUE AGRICOLE

PAR

J. GRANDVOINNET

INGÉNIEUR

Ancien élève de l'Ecole centrale des arts et manufactures,
Professeur de génie rural
à l'Ecole impériale d'agriculture de Grignon

2e Partie. — **MACHINERIE AGRICOLE**

Première et deuxième livraisons.

PARIS

LIBRAIRIE CENTRALE D'AGRICULTURE ET DE JARDINAGE

QUAI DES GRANDS-AUGUSTINS, 41

1857

A. GOIN, éditeur, quai des Grands-Augustins, 41, PARIS.

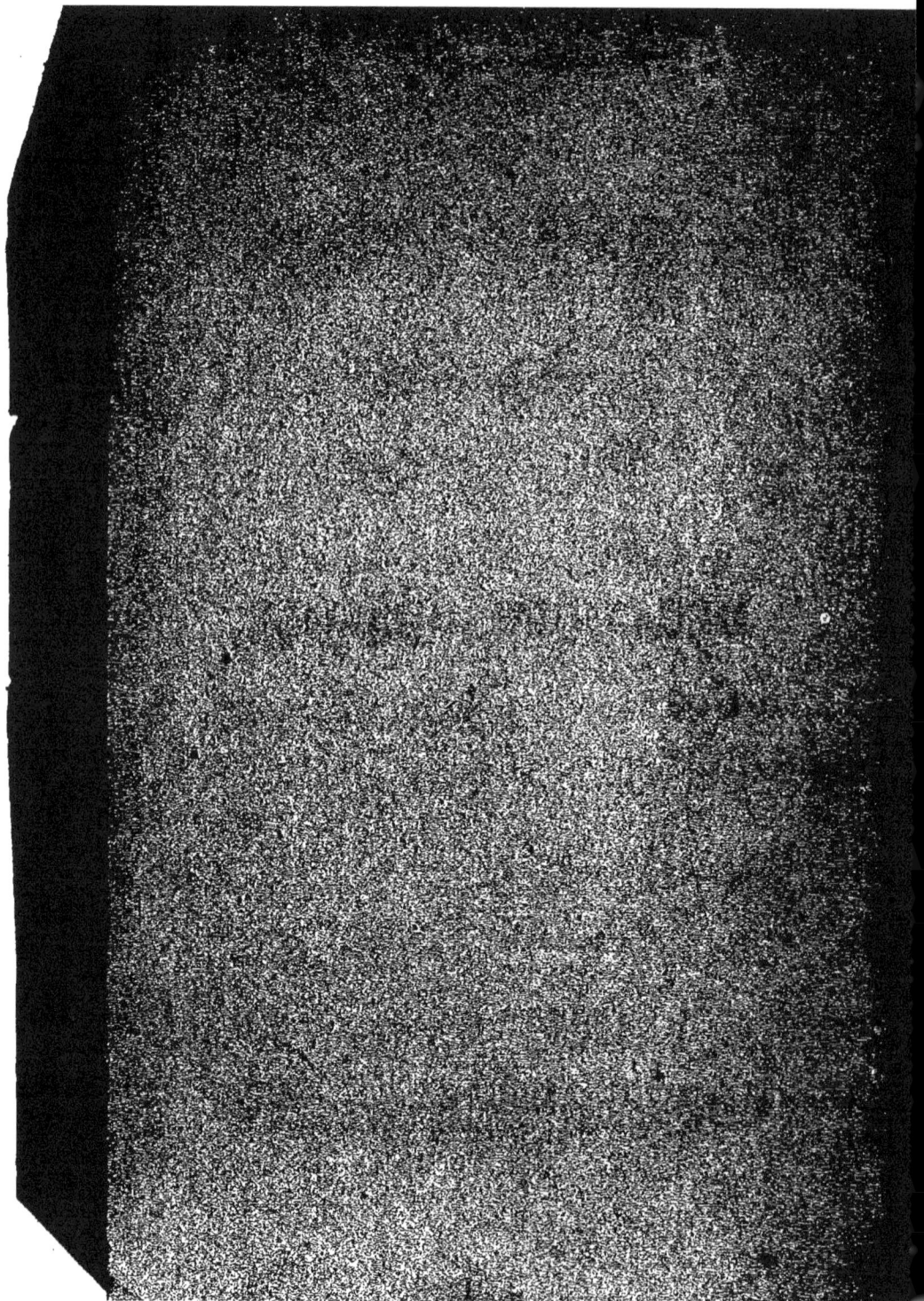

TRAITÉ COMPLET

DE

MÉCANIQUE AGRICOLE.

V

Paris. — Imprimerie de L. MARTINET, rue Mignon, 2.

TRAITÉ COMPLET

DE

MÉCANIQUE AGRICOLE

PAR

J. GRANDVOINNET,

INGÉNIEUR, PROFESSEUR DE GÉNIE RURAL A L'ÉCOLE IMPÉRIALE
D'AGRICULTURE DE GRIGNON.

IIe PARTIE : MACHINERIE AGRICOLE.

—

1re SÉRIE, 1re CLASSE.

LIVRE Ier. — DES CHARRUES.

PARIS

LIBRAIRIE CENTRALE D'AGRICULTURE ET DE JARDINAGE

QUAI DES GRANDS-AUGUSTINS, 44.

—

— **Auguste Goin, éditeur.** —

—

AVRIL **1855.**

1857

DEUXIÈME PARTIE

MACHINERIE AGRICOLE.

CLASSIFICATION DES MACHINES.

1. Les instruments et machines employés dans les travaux de la ferme sont très nombreux et présentent une grande variété de destinations : il est donc nécessaire, pour l'étude que nous commençons, de classer en *séries* toutes les machines ayant des buts analogues, qu'ils soient simples ou variés; autant pour éviter des répétitions inutiles que pour bien faire saisir le mode d'action de chaque machine, et donner les raisons propres à guider dans le choix à faire de celles qui, parmi les différents modèles usités, satisfont le mieux aux principes posés ; ou pour modifier utilement les instruments existants, et, enfin, aider le constructeur et l'inventeur dans les essais qu'ils peuvent tenter.

2. Pour être naturelle, la classification de ces machines doit se baser, se calquer, pour ainsi dire, sur celle des divers travaux de la ferme. Il est vrai que quelques instruments ayant plusieurs buts, il se présente souvent une incertitude assez grande dans leur classement : nous avons choisi, dans ce cas, le mode d'action le plus employé, tout en indiquant les différences ou les analogies qu'il peut être utile de constater entre des instruments pouvant se remplacer.

Livre ii. *Coupeuses à la main : faucilles, faux, sapes, tondeuses,* etc.

2ᵉ CLASSE. — ARRACHAGE.
Livre i. *Appareils d'arrachage mus d'une manière continue par des animaux.*
Livre ii. *Arrachage à la main.*

3 CLASSE. — RECUEIL DES RÉCOLTES.
Livre i. *Râteaux divers.*
Livre ii. *Faneuses.*

4ᵒ CLASSE. — ENLÈVEMENT DES RÉCOLTES OU DES MATIÈRES PREMIÈRES.
Livre i. *Traîneaux, charrettes, tombereaux et chariots.*
Livre ii. *Transports à bras ou à dos d'homme: civières, brouettes,* etc.

4ᵉ SÉRIE. — PRÉPARATION DES RÉCOLTES OU PRODUITS DU SOL.

1ʳᵉ CLASSE. — MACHINES A ÉGRENER.
Livre i. *Machines à battre les céréales, les graines,* etc.
Livre ii. *Rouleaux à dépiquer.*
Livre iii. *Égreneuses à la main.*

2ᵒ CLASSE. — NETTOYAGE ET TRIAGE DES GRAINES.
Livre i. *Tarares, cribles.*
Livre ii. *Trieurs mécaniques.*

3ᵉ CLASSE. — PRÉPARATION DES ALIMENTS DES ANIMAUX.
Livre i. *Hachoirs (hache-paille, foin, genêts,* etc.).

5ᵉ SÉRIE. — PRÉPARATION DES PRODUITS ANIMAUX.

PREMIÈRE SÉRIE.

PRÉPARATION DU SOL.

5. Le cultivateur fait subir à son sol plusieurs genres de préparations que nous n'avons pas à examiner ici sous le rapport de leurs effets culturaux, ou de l'époque convenable de leur exécution, mais seulement au point de vue mécanique. Nous ne pouvons distinguer alors que quatre manières d'agir : 1° *diviser* le sol en blocs, bandes ou mottes par la pénétration d'un couteau ou d'un coin ; 2° *comprimer* la terre ; 3° *ameublir :* ce mode d'action comprend les deux premiers, car on ameublit en divisant et en comprimant simultanément ; 4° *déplacer* la terre (élever, écarter ou renverser des portions de terre détachées préalablement).

Dans quelques instruments, ou machines composées, ces différents modes d'action peuvent être simultanés.

LIVRE PREMIER.

LABOURS ORDINAIRES (CHARRUES PROPREMENT DITES).

6. Dans un *labour*, au point de vue le plus général de ce mot, le but mécanique à atteindre consiste à *diviser* la terre en prismes ou tranches (*couper*) et à *renverser*, plus ou moins, ces bandes de terre pour exposer à l'influence physique et chimique des agents atmosphériques les parties précédemment enfouies, afin de les amender et les *ameublir* sans autre travail. Nous croyons donc qu'une charrue doit être considérée comme bonne lorsqu'elle permet, avec une faible traction, de partager le sol suivant une épaisseur donnée et de le retourner en bandes régulières et placées de la meilleure manière pour recevoir l'influence des agents naturels de division. Une charrue ordinaire ne doit pas, suivant nous, tendre à émietter ou briser la terre au fur et à mesure de son renversement, car cet ameublissement doit être opéré, autant que possible, par l'action naturelle et gratuite des agents atmosphériques, ou, du moins, s'ils ne suffisent pas, par des instruments spéciaux de division; car la charrue, faite surtout au point de vue du renversement, ne peut effectuer l'*ameublissement* proprement dit qu'en exigeant de l'attelage un effort beaucoup plus grand que cette division mécanique n'en demanderait par des instruments appropriés.

SECTION PREMIÈRE.

ÉTUDE DES DIVERSES PARTIES DE LA CHARRUE.

CHAPITRE PREMIER.

NÉCESSITÉ DE CETTE ÉTUDE.

7. Nous devons étudier les machines agricoles surtout au point de vue des principes de leur *construction*
et du *choix* à faire parmi les divers modèles employés
pour le même travail ; nous croyons donc qu'il est naturel de commencer cette étude par l'examen des conditions de *forme* et de *position* de chacune des pièces
prises séparément, de continuer par les principes de
leur *assemblage* rationnel, et terminer enfin par la des-
cription, la comparaison et la discussion des divers modèles employés en France et à l'étranger pour faire
connaître leurs avantages et leurs inconvénients, et, par
suite, les modifications et perfectionnements qu'il pourrait être utile d'y apporter.

8. L'étude des principes de l'établissement de chacune des pièces, dans ses formes détaillées, quoique la
plus aride de toutes celles que nous entreprenons, doit être
faite tout d'abord, car, sans critérium mathématique, la
discussion des divers modèles de charrue n'aurait aucun

point d'appui *certain*, et la question du choix à faire pourrait, après de longues phrases, n'être pas plus avancée qu'actuellement, où, de l'avis même d'agronomes éminents, les plus habiles agriculteurs ne savent guère sur quoi baser leur opinion lorsqu'il s'agit du choix d'une charrue. Cette indécision est une des causes les plus puissantes de la stagnation de la machinerie agricole.

9.-Toute charrue nouvelle est considérée à son apparition comme la meilleure des charrues anciennes, actuelles ou futures, grâce aux auteurs dont les livres ou les articles sur la machinerie agricole sont faits avec les *prospectus* des constructeurs même. L'histoire des charrues, si nous pouvions la faire ici, nous donnerait de nombreux exemples d'instruments vantés par des autorités lors de leur apparition et bientôt laissés dans un oubli complet. Nous avons nous-même entendu donner des raisons si vagues et si fausses de certains choix dans des circonstances graves, que leur conséquence eût été tout simplement l'application du prétendu adage de Caton : *Ne change pas ton soc*, ou le retour aux instruments primitifs des Grecs et des Romains.

M. François de Neufchâteau a prouvé, du reste, que les mots attribués à Caton ne signifiaient, pour l'auteur romain, que *labourer à raies toujours égales en largeur et de la même profondeur*. Le traducteur, probablement étranger à l'agriculture, est le seul auteur de cette belle maxime qui a justifié la routine pendant des siècles. Ainsi, c'est d'après cela qu'Olivier de Serres a pu dire : « Ceux-là se sont fait plutôt admirer qu'imiter, qui ont inventé de nouveaux socs, tant a de *majesté* l'antique façon de manier la terre, de laquelle on ne doit se départir que le moins que l'on peut et avec grande considération. » Pour balancer cet adage, il suffit d'examiner ce qu'il fallait d'animaux avec les mauvaises charrues pour labourer sur une profondeur assez faible, et ce que nous voyons de nos jours avec des charrues exigeant encore de nombreux perfectionnements : « De même encore aujourd'hui, dans plusieurs départements de la France, on attelle à une charrue *quatre chevaux et quatre bœufs.* » Du temps de Pline, en Italie, *huit bœufs étaient hors d'haleine* pour tirer une seule charrue. « Tournefort a vu atteler jusqu'à *quatorze ou quinze paires de bœufs* pour labourer les terres de Géorgie. » (François de Neufchâteau.)

« Arthur Young rapporte que, dans la ferme de Kimbolton, de 600 acres, d'une *terre à brique très roide et très tenace*, *deux chevaux* de front avec la charrue de Bayley font la totalité des ouvrages et labourent 38 ares dans la journée. » (Idem.)

Heureusement, la tendance à de meilleurs principes sera un des bons effets de l'enseignement professionnel de l'agriculture, et nous espérons voir bientôt disparaître ce déploiement prodigieux d'animaux dont la force énorme est employée à remuer *quelques centimètres de terre.*

10. Quelques principes sur la forme des pièces de la charrue et surtout sur le versoir ont été données par divers auteurs : la plupart de ces *théories* nous paraissent incomplètes et entachées d'erreurs graves. Ces erreurs, dans les théories de divers auteurs, très recommandables

du reste, tels que Jefferson, l'illustre président des États-Unis, Mathieu de Dombasle, etc., etc., tiennent à la fausse application des théorèmes de mécanique rationnelle. Les progrès de la mécanique appliquée sont encore tout récents, peu répandus et surtout très peu compris. Si nous croyons pouvoir poser des *principes certains* pour l'établissement des diverses pièces d'une charrue, c'est en nous appuyant sur des expériences réelles et sur les théorèmes de la mécanique matérielle, et non par un de ces *systèmes de fausse application scientifique* que le vulgaire flétrit du nom de *théorie*. La science n'est pas responsable de ces systèmes. Et c'est notre répulsion pour les *abrégés de science* qui nous a fait adopter l'épigraphe de ce livre : « L'abrégé d'une science n'est plus une » science. » Montaigne a dit, il y a trois cents ans : « L'abrégé d'un *bon* livre est un mauvais livre. » Les abrégés *font des demi-savants* plus à craindre que les ignorants complets, car ils veulent *juger*. Forcé, dans ce qui va suivre, de dire parfois le contraire de ce que beaucoup d'auteurs ont admis, nous devons tout d'abord édifier nos lecteurs sur les principes qu'une étude consciencieuse nous permet de poser, et donner ainsi le moyen de juger ce livre dès le début.

11. Dans tout appareil mécanique, la première condition que chaque pièce doit remplir, c'est d'*opérer le travail* dont elle est chargée d'une *façon convenable ;* en second lieu, de faire ce travail avec la moindre fatigue pour le moteur, s'il est *animé*, et la moindre dépense de combustible ou d'eau, etc., si l'on emploie un moteur *inanimé* (vapeur, eau, etc.) ; enfin, en outre, le travail

doit s'opérer avec une certaine *rapidité;* car si le temps est toujours de l'argent, il est quelquefois *plus encore* en agriculture : c'est le pain d'une nation. Or, de la *forme* d'une pièce dépendent l'*exécution* du travail agricole, la *résistance* qu'elle éprouve et la *rapidité* de l'exécution.

Les autres conditions sont la *légèreté* pour les pièces frottantes, la *solidité*, l'*économie* de matière première, la *facilité* d'exécution et de réparation, la *simplicité* de la composition de l'appareil ou la réduction du nombre des pièces.

Chaque pièce, quel que soit son but, doit donc être étudiée spécialement, pour qu'il soit possible de lui donner la forme la plus convenable sous tous les rapports. L'arrangement relatif des diverses parties pour faire le *tout* le plus avantageux vient immédiatement après cette étude séparée.

CHAPITRE II.

DES CONDITIONS GÉNÉRALES D'UNE BONNE CHARRUE.

§ Ier. — De la résistance présentée par les terres aux mouvements des pièces de la charrue.

12. Dans le travail ayant pour but la division de la terre par la charrue ou par tout autre appareil, il y a toujours deux espèces de résistances à vaincre :

1° Les forces de cohésion ou d'affinité qui unissent entre elles les diverses molécules terreuses ;

2° Les résistances qu'oppose la terre elle-même, *comme appui*, au mouvement des pièces composant la charrue.

13. L'existence des forces de cohésion et d'affinité est bien reconnue ; aussi n'en parlerons-nous pas ici. Quant à la résistance opposée par la terre, comme appui, aux mouvements des outils quelconques qui se meuvent contre cette terre, elle est moins généralement connue.

14. On l'appelle *frottement de glissement*, si les pièces glissent comme un sep ordinaire, et *frottement de roulement*, pour les pièces qui *roulent*, telles que les roues d'un avant-train, les seps tournants, etc.

15. On peut démontrer l'existence de ces frottements de la manière suivante. Soit un plan incliné AB (fig. 1)

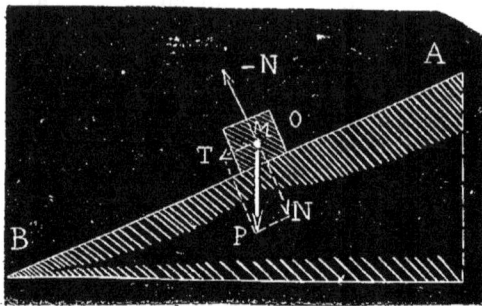

Fig. 1.

dont la surface est de terre, tel que serait, par exemple, un *talus* taillé dans la terre d'un champ : il est évident, d'après les principes de mécanique, que si un corps O, de fer pareil à celui dont est formé le coutre, le soc, ou le versoir, est posé sur ce talus de terre, la pesanteur P tend à le faire descendre, et il glissera en prenant un mouvement accéléré, si le plan terreux ne fait naître aucune résistance.

En effet, le corps O est soumis à une force MP, la pesanteur, que l'on peut décomposer en deux, l'une MT, parallèle au plan AB, et l'autre MN perpendiculaire à ce plan : cette dernière est détruite par la réaction N de la terre ; mais la première composante, MT, a pour effet de faire glisser le corps sur AB, et comme cette force est constante d'intensité et de direction, elle doit donner au corps un mouvement dont la vitesse s'accroîtrait à chaque seconde d'une quantité constante, puisque la force ne cesse d'agir. Donc, *quelle que soit l'inclinaison du plan AB, s'il n'offrait par lui-même aucune résistance au mouvement de translation, la pièce de fer O, plus ou moins polie, prendrait un mouvement uniformément accéléré,* c'est-à-dire que sa vitesse irait constamment en augmentant. Or, si l'on fait plusieurs talus avec la même terre, mais d'inclinaisons différentes, telles que 50°, 45°, 40°, 35°, 30°, 25°, 20°, 15°, 10°, par exemple, et que l'on pose successivement la pièce de fer sur chacun de ces talus, voici ce que l'on observe :

L'angle étant de 50°, le mouvement *naît* spontanément et il est accéléré ; mais les espaces ne croissent pas aussi vite que le carré des temps, ce qui déjà fait supposer une résistance de la part du plan terreux.

Sur l'angle de 10°, le mouvement ne peut naître spontanément, et si, même, on imprime au corps O une vitesse initiale quelconque, cette vitesse diminue constamment sur ce plan à 10°, et le corps finit par s'arrêter. Cette diminution de vitesse ne peut être causée que par une résistance dont le plan est la cause.

Si le plan est incliné à 25°, il peut encore y avoir diminution de vitesse, mais elle est moins notable que dans le cas précédent, et, du reste, elle l'est d'autant moins que l'angle du plan est plus grand ; mais si cet angle dépasse 35° à 40°, au lieu de diminution, il y a une accélération qui est d'autant plus grande que l'inclinaison du plan est plus grande aussi. Donc :

16. Il y a, entre les grandes inclinaisons et les très petites, une inclinaison particulière telle que, pour la terre expérimentée, la vitesse initiale imprimée au corps B ne tend ni à augmenter ni à diminuer ; c'est-à-dire que le mouvement du corps O reste uniforme. Or, on sait que dans ce cas, appelé *équilibre dynamique*, les différentes forces appliquées au mobile doivent se détruire, c'est-à-dire que leur résultante doit être nulle : les seules forces visiblement appliquées à O sont T et N, composantes de la pesanteur, et la réaction N égale et directement opposée à MN en vertu du principe de Newton ; mais la résultante de ce système de trois forces n'est pas nulle, puisque, quelle que petite que soit l'inclinaison du plan, T a toujours une certaine valeur ; il faut donc, puisque nous avons reconnu par expérience l'existence de l'équilibre dynamique, que le plan terreux fasse naître une résistance précisément égale et opposée à T. C'est cette résistance qu'on appelle *frottement du fer sur la terre*, et l'angle particulier dont nous avons parlé et pour lequel existe l'équilibre, s'appelle *l'angle de frottement*, parce que c'est la grandeur de cet angle qui détermine l'intensité relative du frottement.

Voici donc constatée, par des expériences très simples, et pour une terre quelconque, l'existence d'une force de *résistance au mouvement de glissement* des corps qui s'appuient sur cette terre.

17. Si l'on fait rouler un corps cylindrique, on observe les mêmes phénomènes ; seulement, l'angle du plan qui ne donne ni *accélération*, ni *diminution* de vitesse, est beaucoup plus petit ; il y a donc aussi, de la part de la terre, une force de *résistance au mouvement de roulement*, mais elle est beaucoup moindre, toutes choses égales d'ailleurs.

§ II. — Des causes probables de la résistance présentée par les terres au mouvement des pièces de la charrue.

18. Les aspérités plus ou moins sensibles, qu'il est facile de reconnaître à la surface de tous les corps (fig. 2) et, dans le cas dont nous nous occupons, à la surface de la terre et du fer, sont une première cause de cette résistance appelée frottement : en effet, si, sur

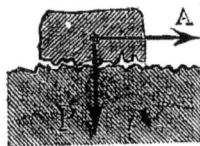

Fig. 2.

le même talus de terre, on fait glisser des pièces de fer différentes, l'une brute et l'autre polie, on observe que cette dernière donne l'équilibre sur un *angle de frottement* plus petit et d'autant moindre que le poli est plus parfait. D'où la conséquence suivante :

1re Conséquence pratique. — *Toutes les pièces glissantes ou roulantes d'une charrue doivent présenter une surface aussi polie que possible.*

L'influence des aspérités, comme cause de résistance, est prouvée par cela même que le glissement étant répété plusieurs fois sur les mêmes surfaces, celles-ci se polissent, et que les forces nécessaires pour entretenir le mouvement diminuent alors constamment.

19. Ainsi, toutes les terres contenant une quantité notable de grains siliceux polissent les diverses pièces de la charrue, versoir, soc, sep, etc. : de sorte qu'une vieille charrue, par cet effet, présentera moins de résistance qu'une charrue neuve que le constructeur ne polit ordinairement pas. Ceci peut expliquer en partie la résistance des ouvriers à changer d'instrument.

20. Si, sur les plans de terre inclinés, on fait glisser des pièces de natures diverses, telles que bois, fer ou fonte, etc., on observe que les angles de frottement varient avec la nature de la matière employée; c'est-à-dire que, pour la même terre, le frottement ne sera pas le même si le versoir est de bois ou s'il est de fer. Ainsi :

2ᵉ CONSÉQUENCE PRATIQUE. — *Il est nécessaire de faire un choix judicieux de la matière à employer pour confectionner les diverses pièces d'une charrue*, telles que sep, versoir, etc. Car on peut ainsi diminuer beaucoup la traction nécessaire au mouvement, et par suite la fatigue de l'attelage, ou permettre à ce dernier de faire l'ouvrage plus promptement.

Cette différence de frottement suivant les matières peut provenir de la différence de poli des surfaces ou d'une différence d'affinité entre chacune de ces matières et la terre expérimentée. Ainsi, *les différentes terres*

exigeront des versoirs de matières différentes, c'est-à-dire
que certaines terres présenteront moins de résistance au
bois qu'à la fonte, ou réciproquement.

21. Le frottement paraît encore dû à ce que, en vertu
de son poids, ou de toute autre force normale au plan
d'appui, le corps frottant pénètre
d'une certaine quantité dans le
corps frotté, s'y incruste, pour ainsi
dire, de manière que le mouvement
de glissement des deux corps ne
peut avoir lieu que par une sorte de
refoulement des molécules du corps frotté par le corps
frottant (fig. 3).

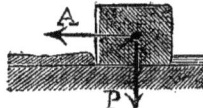

Fig. 3.

§ III. — Lois du frottement des terres.

22. 1ʳᵉ Loi. — *L'angle de frottement ne change pas,*
quel que soit le poids du corps mobile O, si la nature
des surfaces frottantes reste la même.

23. Il s'ensuit donc que l'*intensité du frottement est
proportionnelle au poids du mobile*, c'est-à-dire que le
frottement *double*, si le poids double, etc.

24. *Le frottement est une fraction du poids*, et une
fraction d'autant plus grande, que l'angle de frottement
est plus grand : cette fraction a été appelée *coefficient de
frottement*.

25. M. Ridolfi, dans un savant mémoire (dont nous
connaissons quelques parties, par M. Casanova, professeur d'agriculture à l'École impériale de la Saussaie),
cite des expériences qui, pour les terres de Toscane,
fixeraient l'angle de frottement avec le fer à 26° 34′,

c'est-à-dire que le frottement serait la moitié du poids.

26. Ainsi, une charrue du poids de 80 kilogrammes exigerait des chevaux, seulement pour son glissement sur le fond de la raie, un effet constant de 40 kilogrammes, outre l'effort nécessaire pour couper la terre et la retourner. Donc :

3ᵉ CONSÉQUENCE PRATIQUE. — *Une charrue, toutes choses égales d'ailleurs, doit être la plus légère possible.*

27. Nous ne connaissons pas d'autres expériences que celles de Ridolfi, et nous ignorons même la manière dont le chiffre que nous citons a été obtenu. Cependant des expériences que nous avons faites sur un appareil malheureusement trop petit pour donner des résultats exacts, nous portent à penser que, pour la plupart des terres fortes, le chiffre de Ridolfi sera notablement trop bas.

L'état hygrométrique si variable des terres rend, du reste, la détermination de l'angle de frottement excessivement difficile.

28. 2ᵉ Loi. — *L'intensité du frottement est indépendante de la vitesse de la charrue.* En effet, on sait que, quelle que soit la vitesse, si le mouvement reste uniforme, c'est-à-dire si l'équilibre dynamique subsiste, les forces doivent toujours se détruire, et, comme le poids reste le même, il faut aussi que le frottement conserve la même intensité ; l'expérience a, du reste, confirmé cette conséquence des principes de mécanique rationnelle. Donc :

4ᵉ CONSÉQUENCE PRATIQUE. — *La résistance à vaincre n'est pas plus forte pour les chevaux marchant vite que pour les bœufs qui vont lentement.*

29. 3ᵉ Loi. — *L'intensité du frottement est indépendante de la grandeur des surfaces en contact.* Cela n'est vrai qu'en supposant l'incompressibilité relative ou absolue des surfaces ; on le prouve matériellement en faisant glisser sur des plans inclinés, semblables à ceux que nous avons indiqués, un corps en forme de tronc de pyramide, d'abord sur sa grande base, puis sur la petite ; on observe que l'angle de frottement est le même dans les deux cas, et, comme le poids est resté le même, il s'ensuit que l'intensité du frottement n'a pas varié.

5ᵉ Conséquence pratique. — *Dans le cas d'incompressibilité relative de la terre, il n'y a pas d'avantages à diminuer l'étendue des surfaces frottantes.* Ceci a été prouvé.

30. Cette loi et la conséquence que nous venons d'en tirer doivent subir un correctif pour quelques cas particuliers de terres dites *collantes*. En effet, lorsque la terre peut s'attacher aux instruments de labour, c'est-à-dire lorsqu'il peut y avoir *adhérence*, le frottement a lieu *terre contre terre*, et ce frottement est plus grand que celui du fer, ou du bois, sur la terre ; et, de plus, dans ce cas, il faut vaincre à chaque instant les attractions moléculaires des deux portions de terre en contact, ce qui augmente encore le tirage. Il est à présumer qu'à égalité de poids, l'adhérence sur une surface de nature donnée a lieu d'autant plus difficilement que la surface qui peut *s'empâter* est plus restreinte, car la pression étant très grande alors sur cette surface peu étendue, la terre n'y peut rester attachée et elle est enlevée à chaque instant

31. Il est, en outre, probable que les surfaces étant empâtées, l'espèce de résistance qui en résulte, et qu'on a appelé adhérence, est proportionnelle à la grandeur des surfaces en contact ; mais aucune série d'expériences n'a été entreprise pour fixer la valeur de cette résistance, et nous sommes sur ce point réduit aux hypothèses. Mais on peut conclure de ce qui précède :

6ᵉ CONSÉQUENCE PRATIQUE. — *Lorsque les surfaces frottantes sont exposées à l'adhérence, elles doivent être réduites dans une certaine mesure.*

§ IV. — Appareil propre à des expériences approximatives.

32. D'après ce que nous avons dit précédemment, un appareil destiné à des expériences sur le frottement doit avoir pour but de *déterminer* l'angle de frottement pour chaque terre dans des états physiques différents et avec les diverses matières qui composent les pièces frottantes de la charrue : telles que fer, fonte, bois, etc.

Pour parvenir à cette détermination, l'appareil doit pouvoir offrir des plans diversement inclinés en terres de différentes natures, et sur lesquels un mobile de fer, fonte ou bois, pourrait avoir une certaine vitesse initiale.

33. Voici l'appareil le plus simple qu'on puisse, je crois, établir.

Il se compose (fig. 4) :

1° D'une caisse de bois AA d'une grande longueur, mais assez étroite ; elle est destinée à recevoir la terre d'expérience que l'on y place dans des conditions aussi semblables que possible à celles du travail ordinaire de la charrue. Elle peut tourner autour d'un axe BB solidement fixé à cette caisse; l'axe tourne dans deux sup-

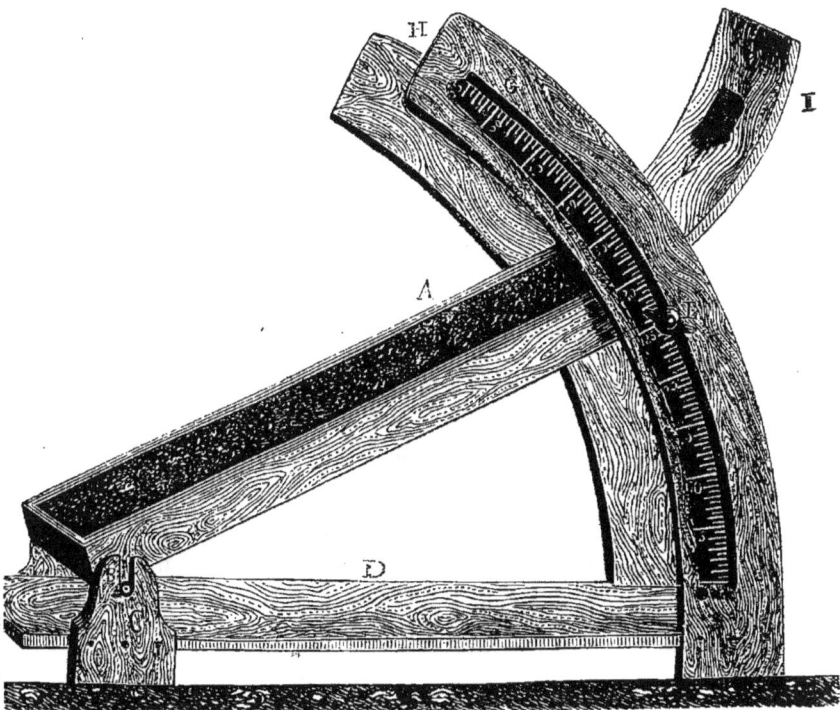

Fig. 4.

ports CC, fixés sur un bâti de bois DD; à l'extrémité supérieure de cette caisse, est fixé un axe EE, semblable à l'axe BB, mais il glisse dans une rainure circulaire GG, faite dans les montants HH du bâti.

Une division en degrés et demi-degrés est faite le long de cette rainure circulaire, et un vernier mobile avec l'axe EE, sur lequel il est fixé, indique les minutes lorsque la caisse est arrêtée en un point quelconque.

Au-dessus de cette boîte, et tangentiellement à son bord, est fixée une planche creusée, ou courbée, en forme de cycloïde, I. C'est sur cette planche que l'on place le *mobile*, lorsqu'on veut qu'il arrive sur la terre avec une certaine vitesse initiale.

Ce mobile ne doit pas avoir d'angles vifs.

34. Voici comment on doit procéder pour déterminer l'angle de frottement d'une terre avec le fer.

On remplit la caisse avec la terre d'expérience, et l'on prépare les mobiles, qui doivent être très nets.

On incline très fortement la caisse, à 45°, par exemple, et l'on place le mobile sur la cycloïde; on observe le mouvement produit. S'il est accéléré sur le plan terreux, on en conclut que 45° est plus grand que l'angle de frottement que nous appellerons γ, pour fixer les idées ($\gamma < 45°$).

On continue l'expérience en inclinant très peu, 15°, par exemple; puis on place le mobile en haut de la cycloïde. Si le mouvement est retardé sur la terre, on en conclut que 15° est plus petit que l'angle de frottement (ou $\gamma > 15°$). De sorte que, par ces deux observations, on obtient deux limites, 45° et 15°, entre lesquelles doit nécessairement se trouver l'angle de frottement γ.

Les observations suivantes devront être faites de manière à resserrer constamment ces limites, c'est-à-dire qu'on inclinera beaucoup encore, mais moins que 45°, soit 40°; puis on inclinera plus que 15°, 20°, par exemple; et je suppose que, par l'observation des mouvements, on trouve encore que γ est compris entre 40° et 20°. On continuera de cette façon, en ayant soin de placer le mobile d'autant plus haut sur la cycloïde qu'il est plus difficile de voir si l'accélération ou le retard ont lieu : il ne faut que du tact et de la patience pour arriver à trouver l'angle γ, à quelques minutes près, exactitude qui nous semble à peu près suffisante, car la moindre différence dans l'état physique d'une terre fait varier beaucoup la grandeur de cet *angle de frottement*.

35. Nous nous sommes servi d'un appareil-spécimen de ce genre dans nos leçons pour faire comprendre les lois précédentes ; mais les chiffres que nous avons obtenus ne peuvent être regardés que comme des approximations. Il serait indispensable, pour déterminer exactement les angles de frottement des terres, dont nous verrons plus loin l'utilité pratique, de disposer des appareils dynamométriques propres à relever exactement les efforts et les vitesses.

CHAPITRE III.

NOMENCLATURE ET CLASSIFICATION DES PIÈCES D'UNE CHARRUE.

36. Avant tout, il est nécessaire de s'entendre sur les noms et les fonctions des diverses pièces d'une charrue : nous prendrons pour exemple un araire connu, celui de Grignon, par exemple, nous réservant d'indiquer au fur et à mesure de l'avancement de cette étude les pièces

exceptionnelles ou n'appartenant pas à la généralité des charrues.

La planche I représente l'araire de Grignon, modèle de 1854. Nous classerons les diverses pièces qui le composent en pièces *travaillantes*, de *direction*, de *liaison* ou *assemblage*.

37. Les pièces *travaillantes* sont : le *coutre* A, destiné à séparer la terre verticalement ; le *soc* B, détachant la bande horizontalement, et le *versoir* C, destiné à renverser la tranche de terre détachée par les deux pièces précédentes.

38. Les pièces de *direction* sont : le *sep* D, posant sur le fond de la jauge ouverte pour guider la charrue dans un plan horizontal et frottant légèrement contre le guéret J, pour maintenir la charrue dans le plan vertical du mouvement ; les *mancherons* EE, destinés à ramener le sep dans sa position normale, lorsqu'il s'en écarte par l'action de causes accidentelles ; le *régulateur* F, dont la fonction est de servir à fixer la ligne et la chaîne de tirage, de telle manière que le labour se fasse à une largeur et une profondeur données, sans qu'il y ait tendance prononcée à ce que le sep sorte de sa position normale ; l'*age* G, qui sert de guide, avec un point éloigné remarqué sur le sol, pour aider le laboureur à tracer une ligne droite.

39. Les pièces de *liaison* ou d'*assemblage* sont : l'*age* G, qui reçoit le régulateur, le coutre et les mancherons, et qui se lie avec le sep, par l'intermédiaire des *étançons* H ; les *arcs-boutants* T, reliant le versoir aux étançons etc., K, consolidant les mancherons en

maintenant leur écartement; la *coutrière* L, qui reçoit le manche du coutre, et permet de le fixer dans une position convenable; enfin divers boulons, clavettes ou goupilles servant à retenir les diverses pièces dans leurs positions relatives. Les mêmes lettres indiquent les mêmes pièces dans les différentes figures de cette première planche.

CHAPITRE IV.

DU COUTRE.

40. Cette pièce, que l'on retrouve dans d'autres instruments que les charrues proprement dites, a pour but de séparer la tranche de terre verticalement. Le coutre agit en pénétrant en terre par l'action d'une force de traction dirigée ordinairement suivant une certaine inclinaison par rapport à l'horizontale ; mais dont la projection sur le sol est une ligne parallèle à la longueur des tranches du labour. Si l'on suppose une série de coupes horizontales faites dans le coutre, on obtient des sections triangulaires (fig. 5). C'est-à-dire qu'un coutre est composé d'une suite de *coins*, et que l'ensemble de cette pièce agit comme un coin à sections variées.

Fig. 5.

§ Ier. — Du coin.

41. Chacun sait que de l'acuité plus ou moins grande

2.

d'un coin dépend le plus ou moins de facilité de son *entrure.* Des abrégés de mécanique donnent, pour résultat d'une théorie du coin, cette règle : « La force de traction nécessaire pour l'équilibre est proportionnelle au rapport existant entre l'épaisseur du coin et la longueur de ses côtés. » Cette règle n'est vraie qu'autant que l'on admet les hypothèses de la mécanique rationnelle (frottement nul), bien différentes de la réalité, comme nous le prouvons dans la première partie de cet ouvrage. Nous rappelons succinctement ici les conséquences de notre théorie.

42. Soit un coin isocèle (fig. 6) s'avançant ou tendant à s'avancer dans la terre par l'effet d'une force dirigée suivant l'axe de ce coin. Nous avons ici deux corps en mouvement : 1° une molécule de terre qui, par l'effet du coin, passe de la position A qu'elle occupe primitivement, à la position finale, B, après le passage effectué : Ainsi, chaque molécule de terre parcourt une longueur AB, tandis que le point A du coin passe en A. La force de traction dépend du mouvement relatif que nous déterminerons facilement d'après la règle donnée dans la 1re partie, livre Ier. Ainsi, un observateur transporté avec le coin apprécierait le mouvement relatif de la terre, par rapport à l'axe de ce coin qui, pour lui, est en repos ou soumis à deux vitesses qui se détrui-

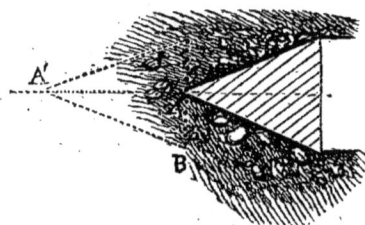

Fig. 6.

sent : l'une, AA′, l'autre égale et directement opposée,
A — A (fig. 7). La molécule de terre A paraîtrait donc
sollicitée par deux vitesses : sa vitesse propre AB, et la
vitesse d'entraînement A — A. Le mouvement relatif est,
d'après la règle (livre Iᵉʳ), la résultante AR ; c'est-à-dire,
en résumé, que tout se passe dans l'introduction du coin
comme si la molécule de terre montait sur le plan AR,
incliné par rapport à la ligne A′A, considérée comme
base de ce plan incliné. La molécule proche de A, sur AB,
suit de même un plan incliné R′, ainsi que toutes les
autres particules de terre comprises entre A et B ; seulement, ces plans inclinés ne sont pas parallèles, car i
faut qu'après le passage du coin toute l'épaisseur de

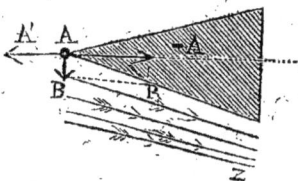

Fig. 7.

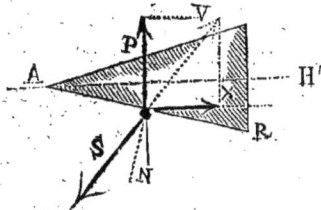

Fig. 8.

terre AB soit comprimée et rentrée, pour ainsi dire,
dans la terre des flancs de l'ouverture. Or, comme cette
pénétration ne peut se faire indéfiniment, il en résulte
que l'épaisseur de terre AB, avant l'introduction du
coin, se réduit à R′Z, par exemple, après son passage.
Dans ce mouvement sur le plan incliné AR (fig. 8), la
molécule terreuse est soumise : 1° à la résistance de la
terre à la compression P, cette force est normale à
l'axe AH′ du coin ; 2° à la traction motrice X (ou sa
projection), dirigée par hypothèse suivant l'axe du

coin ; et, enfin, à la réaction S de la face **AR** du coin, réaction dirigée, d'après ce que nous avons dit, suivant la ligne S faisant, avec la normale au plan, l'angle **SN** égal *à l'angle de frottement* du côté opposé au sens du mouvement. Si l'on connaissait la résistance à la compression P, on déterminerait la réaction X en achevant le parallélogramme **PVX**; il suffirait pour cela de prolonger S, jusqu'à la rencontre de la parallèle PV à X. Ainsi, le point matériel terreux monte fictivement d'un mouvement uniforme sur le plan **AR** sous l'action de trois forces en équilibre. Ce sont : 1° X, traction ; P, résistance de la terre à la compression, et S = V, mais de sens contraire, représentant la réaction du plan **AR** sur la terre en mouvement.

43. Il est probable que la résistance à vaincre P, perpendiculairement à la longueur du coin, est la même ou croît dans le même rapport que celle qui serait nécessaire pour comprimer la terre d'une épaisseur égale à H'R, demi-épaisseur du coin. Or, il est certain que cette résistance croît alors plus vite qu'en raison de l'épaisseur du coin (à longueur égale), car on sait que si le premier millimètre de compression est facile, le deuxième l'est beaucoup moins, et que de millimètre en millimètre la difficulté augmente rapidement.

44. Aucune recherche, à notre connaissance du moins, n'a été faite pour déterminer cette résistance. Les seules expériences dont nous connaissions les résultats sont celles indiquées dans le *Cours d'agriculture* de M. Gasparin, et dans le *Book of the farm* de M. Henry Stephens. Le premier auteur donne, comme

résultat d'expériences dynamométriques sur un coutre de 150 millimètres de longueur d'entrure, les chiffres du tableau suivant (A):

ÉTAT DES TERRES.	Enfoncement de la bêche dynamométrique.	Longueur du coutre.	Effort sur le dynamomètre.	Vitesse.	Travail mécanique total.	Reste pour le travail du coutre, en retranchant 0k,75 nécessaire pour faire avancer le véhicule.
	mill.	mill.	kilog.			
1° Propre à la culture.	59	150	42	1,1	46,2	45,45
2° Idem	59	75	17	1,2	20,4	19,65
3° Un peu trop sèche.	30	150	107	0,85	90,95	90,20
4° Idem	30	75	47	1,00	47,00	46,25
5° Sèche et tassée. . .	22	150	156	0,80	124,80	124,00
6° Idem	22	75	68,5	0,95	60,32	59,57

Henry Stephens donne un seul chiffre, 65 kilogrammes, pour une terre compacte, et un coutre de 178 millimètres d'entrure, prenant des inclinaisons variables de 45° à 70°.

Malheureusement, ces deux auteurs ne donnent pas de détails sur le mode d'expérimentation, sur le genre de dynamomètre employé, ou sur les dimensions du coutre. Il n'est donc pas possible de discuter ces chiffres.

45. En supposant que les dimensions de ces coutres aient été celles habituelles et que l'angle de frottement puisse être supposé celui trouvé par Ridolfi (26° 34'), la figure 9 indique la section moyenne du coutre et les directions des forces qui le tiennent en équilibre. Ce sont : AT, traction motrice; AR, AR', réactions de la terre sur les deux faces du coutre-coin; et enfin, A—T,

résultante des deux réactions AR et AR', qui, pour que

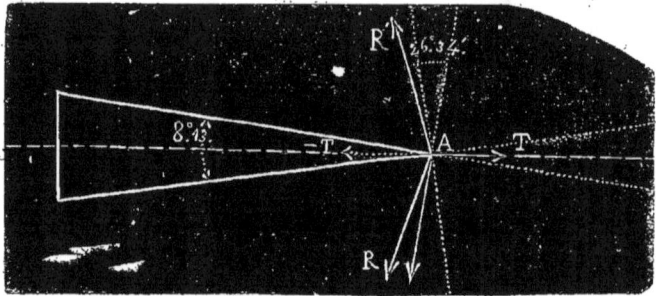

Fig. 9.

l'équilibre existe, doit être égale et directement opposée
à la traction AT.

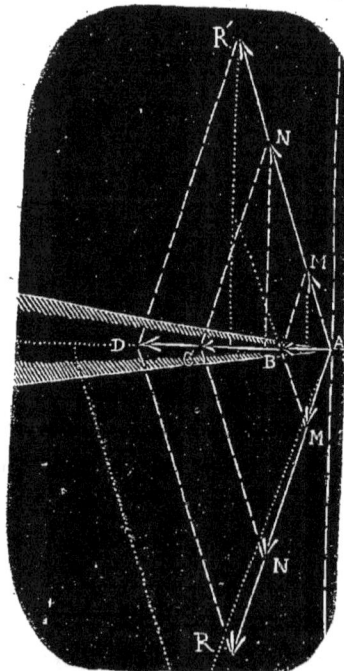

Fig. 10

Donc si (fig. 10) AR, AR' représentent les directions

des réactions, d'après les hypothèses précédentes, et que l'on prenne les longueurs AB, AC, AD, pour représenter, à l'échelle de 1 1/2 millimètre par 10 kilogrammes les tractions réelles des expériences 1, 3 et 5 du tableau du n° 44 ; qu'ensuite on achève les parallélogrammes des forces en menant par les points D, C, B, des parallèles à AR et AR', on trouvera, pour valeur des réactions totales sur les deux faces de la partie travaillante du coutre,

$$AN = 66,67 \text{ en terre propre à la culture (1°).}$$
$$AN = 174,66 \text{ en terre un peu trop sèche (3°).}$$
$$AR = 257,83 \text{ en terre sèche et tassée (5°).}$$

Chacune des forces travaillantes ayant une surface d'environ 90 centimètres carrés, il en résulte que pour chaque centimètre carré de surface du coutre les réactions sont :

0,74 en terre propre à la culture.
1,94 en terre un peu trop sèche.
2,86 en terre sèche et tassée.

Et pour la réaction perpendiculairement à l'axe du coin ou à la direction du mouvement :

$0^{kil.},70$, $1^{kil.},83$ et $2^{kil.},70$ pour les mêmes cas.

Si, partant de l'hypothèse que la résistance de la terre, normalement à l'axe du coin, est celle de la terre propre à la culture trouvée précédemment, ou 63 kilogrammes (correspondant à $66^{kil.},66$ obliquement), on veut déterminer la loi d'accroissement de la traction pour des coutres également larges, mais d'épaisseurs diverses, tels que ceux indiqués par la figure 11 à l'échelle de 5 décimètres pour mètre, on trouvera : 1° en

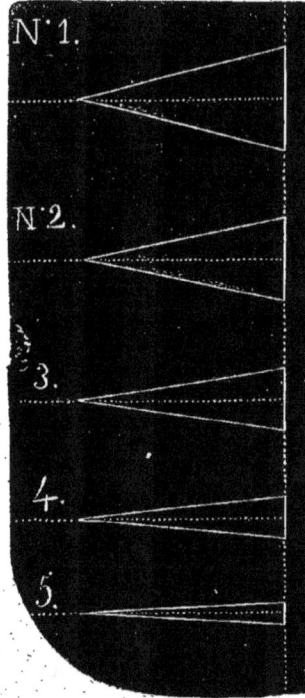

Fig. 11.

négligeant le frottement, comme le font beaucoup d'abrégés de mécanique :

Nᵒˢ des coutres.	Traction en kilogrammes.
	kil.
1	16,663
2	13,332
3	10,003
4	6,674
5	3,338

Tandis qu'en tenant compte du frottement, ou se plaçant dans les conditions de la pratique, on trouve :

Nos des coutres.	Traction en kilogrammes.
	kil.
1	57,15
2	51,65
3	47,20
4	42,00 (Expér. nᵉ 1, Gasparin.)
5	37,90

On voit quelle différence énorme on trouve dans l'évaluation de la traction, suivant qu'on tient compte du frottement, ou suivant qu'on le néglige, pour appliquer commodément aux phénomènes naturels les théorèmes de la mécanique rationnelle.

La figure 12 résume, sous la forme de diagramme,

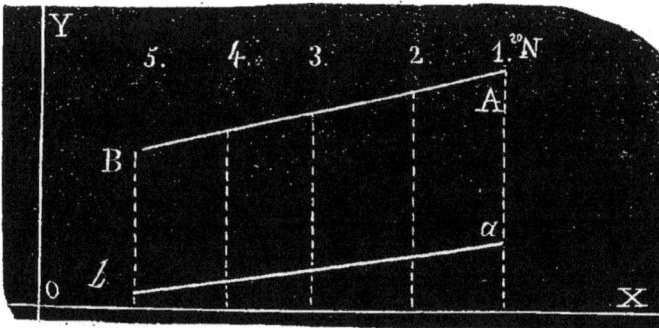

Fig. 12.

les chiffres précédents. La ligne AB est la loi d'accroissement réel de la traction pour les coutres 1, 2, 3, 4, 5 de la figure 11; *ab* est la loi d'accroissement de la traction pour les mêmes coutres, lorsqu'on néglige le frottement ; les distances horizontales OX représentent les angles des coins ou coutres de la figure 11, à l'échelle de 2 millimètres pour un degré, et les verticales 1, 2, 3, 4, 5 jusqu'aux lignes-loi AB, *ab*, représentent les tractions en kilogrammes à l'échelle de 1/2 millimètre pour 1 kilogramme.

Nous avons cru nécessaire, en l'absence d'expériences positives, de donner les indications précédentes, s'éloignant très peu de la vérité, pour faire comprendre le grand avantage que présente la réduction de l'*épaisseur* du coutre et les erreurs dans lesquelles peut entraîner l'application pure et simple des principes de la mécanique rationnelle aux faits pratiques.

46. Le mouvement de progression du coin peut se faire suivant son axe ou suivant une ligne inclinée par rapport à cet axe, ou enfin suivant une ligne parallèle à une des faces du coin (fig. 13, 14 et 15).

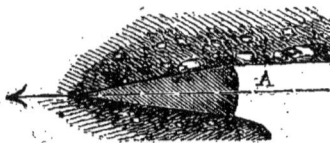

Fig. 13.

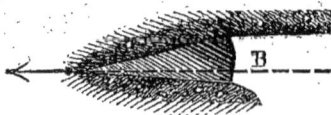

Fig. 14.

Fig. 15.

Dans le premier cas, les deux résistances à la compression, et par suite de deux réactions sur les faces du coin, sont égales si la terre est également résistante des

deux côtés ; dans le deuxième cas, une des parties du
coin ayant une inclinaison plus grande, par rapport à la
ligne du mouvement, que la deuxième face, il y a, du
premier côté, une réaction plus forte, et par suite le coin
a une tendance à sortir de la ligne du mouvement,
d'autant plus grande que la différence entre les deux
inclinaisons des faces du coin est aussi plus grande ;
dans le troisième cas, l'inclinaison d'une des faces étant
nulle, la tendance est encore plus grande, de même
lorsque le coin s'écarte davantage encore de la ligne de
traction. Les flèches des figures 16, 17 et 18 indiquent
ces tendances.

Cette tendance du coin à quitter la ligne du mouvement peut être de droite ou de gauche : fig. 13, ten-

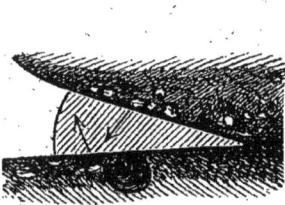

Fig. 16.

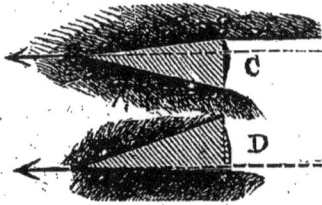

Fig. 17 et 18.

dance nulle ; fig. 15, 16 et 17, tendance à prendre raie ;
fig. 14 et 18, tendance à sortir ; et fig. 19, très grande
tendance à prendre raie.

47. Un coutre étant composé
d'une suite de coins de longueurs
et d'épaisseurs variables, les
tractions diffèrent pour chaque partie, de la pointe au manche, et la
traction totale serait là résultante de toutes ces tractions.

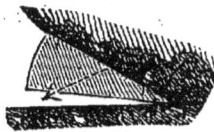

Fig. 19.

Or, il est évident que la position de cette résultante sera placée en un point dépendant de la forme même du coutre. Si l'on connaît les particularités de cette forme, on peut, connaissant aussi la résistance de la terre à la compression, déterminer très approximativement la position du point d'application de cette résultante, sa grandeur et sa direction. On conçoit que ces trois choses ne sont pas indifférentes, et que, par suite, il y a lieu d'étudier les formes diverses du coutre.

§ II. — Sections horizontales du coutre.

48. Toutes ces sections sont des coins, comme nous l'avons déjà dit et comme l'indique la figure 5, mais les considérations de l'équilibre du coin en mouvement uniforme données précédemment nous permettent de poser une première conséquence pratique :

1° La traction nécessaire pour l'introduction et la marche uniforme du coutre est égale au double de la résistance de la terre à être comprimée de la moitié de l'épaisseur du coutre au dos, multipliée par le rapport existant entre la hauteur ab (fig. 20) et la base bc, d'un angle acb, égal à la somme du demi-angle α du coutre (s'il est à section triangulaire isocèle), par rapport à la ligne de mouvement M, et de l'angle de frottement γ.

2° La tendance à sortir est égale à la différence entre les deux résistances normales à la ligne du mouvement, et le sens de la tendance à sortir de cette ligne est du côté opposé à la face la plus inclinée.

3° *La traction exigée par le passage uniforme du coutre*

croît très vite avec l'augmentation d'épaisseur au dos,
toutes choses égales d'ailleurs.

49. La position du coutre dans le plan horizontal et

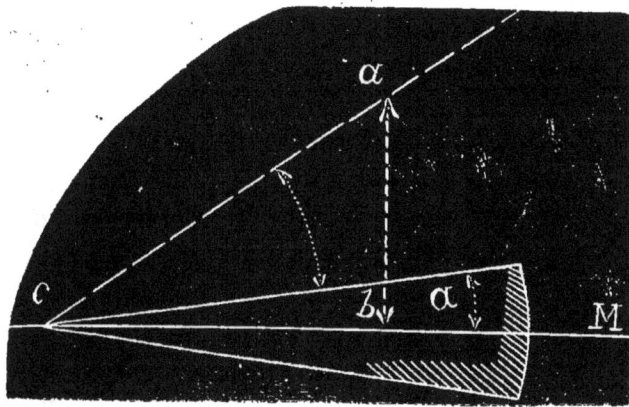

Fig. 20.

par rapport à la ligne du mouvement n'est pas indiffé-
rente. Ainsi, lorsque le coutre a son axe même dans la
ligne du mouvement (fig. 13), comme il est évident que
la réaction du guéret est plus forte que celle de la bande
à renverser, il s'ensuit qu'il y a une légère tendance à
sortir de la raie ; cette tendance est augmentée par la
présence accidentelle d'obsta-
cles, tels que des pierres encas-
trées dans le guéret (fig. 21),
car alors la résistance augmente beaucoup dans ce
moment, et si l'araire est bien

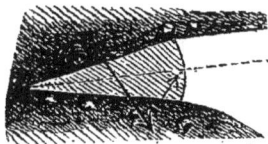

Fig. 21.

réglé, c'est l'action du laboureur sur le mancheron
qui doit annuler cet excès de tendance à sortir. Si la

terre labourée adhère aux instruments, cette première position du coutre a le désavantage que la terre, dont se charge le coutre, se durcit par la pression continuelle, et qu'il y a augmentation d'épaisseur du coin, d'où une augmentation de résistance et, en outre, une déchirure du guéret plus irrégulière que lorsque le coutre reste propre.

50. Si l'on place le coutre de façon qu'une de ses faces soit tangente au guéret (fig. 15), il y a tendance à prendre de la raie ; car, en effet, la réaction du guéret sur le coutre est à peu près nulle, puisqu'il n'y a aucune pression sensible du coutre contre le guéret dans la marche normale, tandis qu'il y a une réaction considérable de la terre de la bande à renverser sur le coutre. Dans cette position, à égalité d'épaisseur du coin, il y a une résistance au mouvement plus grande que dans la première position : car dans celle-ci la compression pour le passage se faisait des deux côtés, et par suite on ne comprimait à droite et à gauche que d'une demi-épaisseur du dos du coutre ; tandis que, dans la deuxième position, on doit comprimer d'un seul côté de toute l'épaisseur du dos. On peut dire, il est vrai, que cette compression se fait du côté où la terre cède, et qu'elle doit être plus faible à égalité d'épaisseur. Cela est possible, mais non parfaitement prouvé, car, aux points où le coutre agit, la bande n'est pas encore détachée ; cependant nous croyons à une moindre résistance du côté de la bande qu'on retourne, toutes choses égales d'ailleurs. Dans cette deuxième position, on a encore à craindre l'adhérence lorsque les terres collent après les outils, mais il

n'y a pas tendance à ce que la terre qui adhère se dur-
cisse comme dans le premier cas ; seulement, cette adhérence augmente la résistance au glissement et donne un
coutre plus épais, d'où résulte une augmentation de
la traction nécessaire. Dans cette deuxième position,
les pierres qu'on rencontre dans le guéret n'augmentent
pas la résistance, si elles sont tangentes ; si elles sont
saillantes, le coutre, par sa tendance à prendre raie,
tend à les desceller, et le laboureur èst porté, dans ce cas,
à augmenter cet effet en agissant dans le même but sur
les mancherons.

51. Si le coutre est placé comme dans la figure 19,
l'angle réel du coutre est augmenté de l'angle d'écartement (fig. 22) ; seulement on évite ainsi l'adhérence, ce
qui peut compenser l'augmentation de traction dirigée
par l'augmentation de l'épaisseur du coin. La tendance
à desceller les pierres est aussi augmentée : seulement,

Fig. 22.   Fig. 23.

il ne faut pas exagérer cet écartement ; quelques millimètres suffisent toujours. Parfois, pour éviter l'adhérence, on fait concaves les faces du coutre (fig. 23),
mais cette disposition est promptement détruite par
l'usure et difficile à exécuter.

52. Suivant le règlement accidentel de la charrue, le

coutre s'éloignera plus ou moins de sa position initiale; il y aurait donc perfectionnement si l'on disposait la coutrière de façon à pouvoir, dans tous les cas et suivant les besoins de la pratique, changer la position du coutre. On ne tient pas compte ordinairement de cette remarque pour ne pas compliquer l'instrument, et c'est le forgeron qui seul remet le coutre dans une bonne position lorsqu'il s'en est écarté.

§ III. — Forme du coutre en élévation.

53. Le tranchant du coutre, supposé rectiligne, peut être placé de trois manières dans le plan vertical du mouvement : 1° verticalement ; 2° incliné la pointe en avant ; 3° incliné, mais la pointe en arrière (fig. 24).

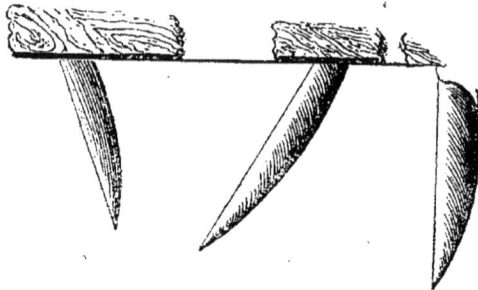

Fig. 24.

54. Dans le premier cas, les résistances de chaque coin composant le coutre sont dans des plans horizontaux : par suite, il n'y aura de la part de cette pièce ni tendance à faire sortir de terre, ni tendance à l'entrure, si l'on ne tient pas compte de l'inclinaison de la ligne de

traction des animaux moteurs, ou du moins si elle ne dépasse pas celle utile.

55. Dans le deuxième cas, outre la résistance de la terre à l'écartement dans le plan horizontal, il y a une certaine partie du poids de la terre supportée par le coutre : il en résulte une réaction de la part de cette terre et par suite une tendance à l'entrure; en outre, chaque section horizontale à épaisseur égale du dos du coutre donne un angle plus petit dans la position inclinée du tranchant que dans la position verticale; il y aurait donc une plus grande facilité d'entrure dans la deuxième position. Mais remarquons que, dans les limites d'inclinaison, cette diminution est assez faible; qu'en outre, la réaction de la terre à soulever change le mouvement relatif de la terre; en résumé, la diminution de traction, par suite de l'inclinaison du coutre, serait bien peu de chose, et même, si l'on s'en rapporte aux expériences de M. Henry Stephens (*the Book of the farm*), il n'y aurait aucune différence sensible de traction pour les angles variant de 45° à 70°. Donc, à part une légère tendance à l'entrure, utile surtout pour les charrues légères, l'inclinaison à l'avant du coutre aurait peu d'influence.

56. Dans le troisième cas, fort rare en pratique, le coutre donne une tendance à sortir de terre, ce qui est toujours un inconvénient dans les araires, car cela force à soulever les mancherons.

Il n'y a pas facilité de pénétration comme on pouvait le croire, car le mouvement relatif de la terre a lieu sur un plan incliné dans le sens horizontal et dans le sens

3.

vertical de bas en haut, il n'y a donc aucun avantage. Conséquence pratique : *Dans aucun cas, le coutre ne peut être placé incliné la pointe en arrière.*

57. Les tranchants courbes pouvant être décomposés en parties droites, leurs avantages et leurs inconvénients participent des trois formes primitives que nous venons d'examiner.

58. Ce que nous venons de dire suppose des conditions normales, c'est-à-dire une terre homogène; mais le plus souvent on pourra accidentellement rencontrer des pierres ou des racines fibreuses : or, dans le cas de verticalité du tranchant, les pierres doivent être écartées dans le sens horizontal, ce qui exige une augmentation de traction pour comprimer ces pierres dans la terre à droite ou à gauche; si des racines croisent le tranchant du coutre vertical (fig. 25), elles doivent être rompues et non sciées, et il peut arriver qu'au lieu de les rompre, on les arrache. Dans le cas du coutre incliné la pointe

Fig. 25.   Fig. 26.   Fig. 27.

en avant, les pierres tendent à monter par l'effet du coutre qui forme un plan incliné (fig. 26), et, par suite, il y a avantage sous ce rapport : les pierres sont aussi facilement descellées; en outre, si le coutre rencontre des racines, le tranchant agit en sciant, et par suite divise plus facilement les racines (fig. 27), qu'il soulève peu à peu. Il est vrai que les racines étant coupées, il reste dans le guéret des portions saillantes, ce qui donne un mauvais aspect au labour; dans le cas d'arrachement qui se produit surtout avec le tranchant vertical, le guéret est plus propre, mais cette propreté est de peu d'importance.

Dans la position du tranchant incliné la pointe en arrière, les racines seraient coupées par compression et plus nettement que dans l'inclinaison contraire; mais dans cette position du tranchant, les pierres tendent à être enfoncées, ce qui exige une augmentation de la traction motrice.

Enfin, le tranchant vertical et le tranchant incliné la pointe à l'arrière ne permettent pas aux herbes, aux petites racines, de monter et de s'accumuler au-dessous de l'age, comme dans le cas du coutre incliné la pointe en avant.

59. Cette observation est de grande importance : ainsi, par des expériences directes, M. Henry Stephens a déterminé que l'augmentation de traction causée par l'accumulation de ces herbes et racines peut monter au tiers environ de la traction moyenne en terre propre. S'il est vrai qu'avec un peu d'attention et de soin, le laboureur puisse éviter cet encombrement, il est encore plus vrai qu'il ne faut pas trop compter sur le soin des ouvriers, et tâcher par de bonnes dispositions d'éviter autant que possible l'accumulation des herbes et racines

sous l'age : on y arrive plus ou moins complétement
par les dispositions suivantes :

60. 1° *On donne au coutre une forme verticale à partir
du sol*, comme l'indique la figure 1, planche I. La partie
inférieure du coutre est convenablement inclinée pour
les raisons données précédemment ; les herbes et les racines montent sur le tranchant incliné du coutre, mais
s'arrêtent au-dessous du niveau du sol, par suite de la
verticalité du tranchant et du manche. Les herbes peuvent ainsi être coupées, tandis que, si elles montaient
au-dessus du sol, il n'y aurait plus, devant le tranchant,
aucune réaction, et, par suite, impossibilité de trancher
les herbes, qui continueraient à s'accumuler.

2° *On ouvre l'age* au point où s'y assemble le coutre,
de façon à laisser entre le coutre et l'age un espace considérable, et, par suite, s'encombrant plus difficilement.

3° *On courbe l'age* en ce point de façon à laisser un vide
tel que les herbes ou racines qui ont pu monter se dé-
gagent à la partie supérieure.

61. La largeur du coutre ne doit pas être partout la
même. En effet, la section de résistance doit être d'autant moins grande que le point de la section considérée
est plus éloigné de l'encastrement, c'est-à-dire, enfin,
que la forme du coutre, pour le rendre le plus léger possible, doit être celle des solides d'égale résistance
(fig. 28) ; en outre, l'épaisseur du dos doit aussi aller en
diminuant. Cette condition de légèreté n'est pas toujours
recherchée par les constructeurs : ainsi nous pourrions
citer des coutres dont l'épaisseur atteint 26 à 27 millimètres et la largeur 81 à 100 millimètres, tandis que,

pour des charrues ordinaires, une largeur de 50 millimètres et une épaisseur de 12 à 13 millimètres suffisent parfaitement; outre la diminution du prix, l'allégissement de chacune des pièces de la charrue a, comme nous l'avons vu, une importance toute particulière.

62. On a quelquefois disposé les coutrès comme des faucilles, en courbe; de cette façon, la partie basse (fig. 29) tend énergiquement à l'entrure et au débarras des obstacles, tandis que la partie verticale du haut jouit de l'avantage d'empêcher l'engorgement; mais, en principe, il faut éviter autant que possible les pièces courbes, qui sont d'une exécution difficile; la partie inclinée du bas peut être rectiligne et raccordée par une petite courbure avec la partie verticale du haut.

§ IV. — De la position du coutre.

63. Au premier abord, il paraît naturel de placer le coutre de façon qu'il coupe la terre suivant un plan ver-

Fig. 28.　　　Fig. 29.　　　Fig. 50.

tical; et, en second lieu, de placer la pointe aussi près que possible de celle du soc pour couper la tranche sur toute sa hauteur et la couper rectangulairement. Il n'en est pourtant pas généralement ainsi : la face du coûtre, tournée du côté du guéret, est parfois légèrement inclinée par rapport à la verticale, la pointe vers la gauche (fig. 30). Cette inclinaison est, en grandeur, très variable dans les diverses charrues ; mais elle existe en général, et doit, par conséquent, avoir une raison d'être : nous croyons que cette disposition est prise dans le but d'augmenter la stabilité de la charrue en tendant à donner plus de *raie*, mais aussi que l'exagération de cette inclinaison augmente la résistance au mouvement de progression. En pratique, cette inclinaison de la face gauche du coutre avec la verticale atteint parfois 4° et même 8°.

Nous pensons que l'écartement de la pointe ne doit pas être de plus de 6 à 7 millimètres de la ligne du guéret au niveau du sol, ou par rapport à la pointe même du soc. Soit 6 millimètres pour 210 de profondeur environ.

64. On a discuté l'avantage ou l'inconvénient de placer la pointe du coutre en avant de celle du soc. Le seul avantage qu'on puisse reconnaître à cet avancement est l'augmentation de stabilité, car le coutre, frayant dans une terre non détachée par le soc, est également retenu par des réactions énergiques sur ses deux faces; mais nous avons déjà dit qu'on n'obtient cette stabilité qu'aux dépens du moteur.

Le célèbre constructeur *Small* recommandait que la pointe du coutre fût de 51 à 76 millimètres en avant de celle du soc, de 12 à 25 à la gauche, et enfin à 12 ou

25 millimètres au-dessus de cette même pointe de soc. (Voy. planche IV.)

65. Quant à cet écartement vertical des deux pointes, il ne présente aucun inconvénient, car la partie de terre qui reste non coupée entre les deux pointes est insignifiante et facilement déchirée par la gorge du versoir. La nature particulière du sol doit être consultée pour le règlement de cette distance entre les pointes. Ainsi, dans une terre graveleuse qui éclate plutôt qu'elle ne se laisse trancher, on peut faire cet écartement de plus de 25 millimètres sans inconvénient. Des expériences directes ont même démontré que, dans certaines terres (H. Stephens), la traction était la même, que le coutre fût ou non adapté à la charrue. L'arrachement de la bande par la gorge doit exiger plus de traction que n'en exigerait la séparation de la terre au moyen d'un coutre; mais le frottement propre à cette dernière pièce, lorsqu'elle existe, peut compenser la différence en faveur du coutre. Ce fait ne se présente probablement que pour quelques terres, mais il fait comprendre que, dans un terrain où le coutre doit rencontrer des obstacles particulièrement irrésistibles, comme des pierres, on peut le supprimer avec avantage.

66. Dans la plupart des cas, bien que le coutre ne procure pas une très notable diminution de traction, il a pour effet utile de détacher la terre suivant une surface régulière, propre et présentant un bon guide pour le corps de la charrue qui suit : tandis que si la tranche de terre est arrachée, par suite de la suppression du coutre, le guéret présente verticalement une surface irrégulière, formée de creux et de saillies; une partie de

la terre peut retomber dans la jauge , et en définitive le labour manque de régularité.

§ V. — De quelques coutres d'un usage exceptionnel.

67. Dans quelques charrues ordinaires, tourne-oreilles ou rigoleuses, on dispose parfois, sur la partie inférieure de la gorge de la charrue, un coutre dont la forme et la position rappellent une corne de rhinocéros (fig. 31).

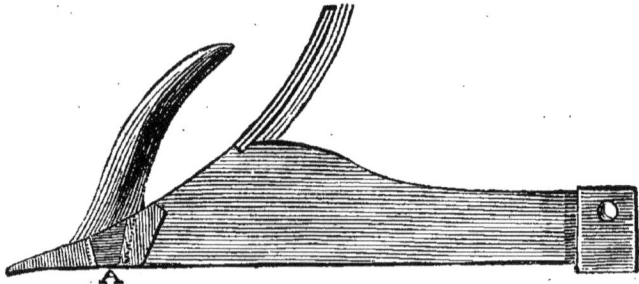

Fig. 31.

Cette disposition a l'avantage de supprimer une pièce, la coutrière, et par conséquent de simplifier la charrue ; en outre, elle empêche tout engorgement sous l'age ; mais on peut lui reprocher la difficulté qu'on éprouve à disposer le coutre de façon à lui donner une tendance à prendre raie. Toutes les pratiques d'écartement de la pointe du coutre à gauche et au-dessus de celle du soc sont impossibles ; on peut seulement disposer la section horizontale de façon que la face gauche de cette pièce soit parallèle au guéret ou même écartée au dos de quelques millimètres de ce plan vertical de mouvement. Au reste, en donnant au soc une forte tendance à prendre raie, on peut arriver à annuler presque complétement ces inconvénients.

On a fait à Grignon, tout récemment, l'essai d'un coutre de cette espèce, mais en faisant subir au modèle ordinaire quelques modifications. La plus importante consiste dans le mode d'assemblage de cette pièce avec le soc. Habituellement le coutre était fixé d'une manière invariable sur le soc; on l'a, au contraire, disposé de façon à pouvoir le retirer avec facilité pour les réparations. Dans ce but, une mortaise en queue d'hironde A (fig. 31) est ménagée dans la face du soc, du côté de la muraille. La tête du coutre présente un relief entièrement semblable au creux de la mortaise et y entrant à frottement dur. Par excès de précaution, on peut river légèrement, à la partie inférieure, la tête du coutre, mais cette rivure est bien vite usée. En l'absence d'expériences concluantes, nous ne pouvons certifier la supériorité de ce coutre sur le modèle employé presque exclusivement; le temps seul peut lever tous les doutes; cependant nous pouvons dire immédiatement qu'une charrue tourne-oreille dos à dos, ayant des coutres de ce genre, a très bien fonctionné à Grignon.

68. Le coutre ordinaire est loin d'être sans reproches. Ainsi: 1° cette pièce travaillante n'agit que sur une faible portion de sa longueur, dont la plus grande partie ne sert que de *manche* et nuit par son poids; 2° elle force à employer un appareil particulier pour la fixer dans ou contre l'age; 3° la résistance agit sur le coutre à une grande distance de son point d'encastrement, c'est-à-dire que cette résistance a un grand bras de le-

vier, ce qui force à donner au manche du coutre et aux
pièces d'assujettissement une grande dimension. Qu'on
se représente, en effet, deux ou même trois chevaux
tirant sur un coutre, première pièce de la charrue, l'effort moteur dans un coup de collier est très considérable,
et si le coutre n'a pas des dimensions exagérées, eu
égard au travail réel qu'il fait habituellement, il sera
facilement tordu ou brisé.

La recherche d'une disposition de coutre assemblé
sur le soc est donc intéressante; mais la grande difficulté
nous paraît consister dans le moyen de fixer solidement et d'une manière amovible ces deux pièces de la
charrue.

69. *Du coutre circulaire.* — C'est une espèce de poulie,
de fer mince, aciérée sur les bords et tournant sur son

axe (fig. 32). Il agit, par conséquent, comme une scie circulaire et a beaucoup d'effet pour
couper les herbes et les racines;
aussi l'a-t-on souvent employé
dans les terrains tourbeux, dans
lesquels son action est remar-
quable. Mais il est facile de
comprendre que, dans un terrain pierreux, il serait sujet à
se briser, car il tend à enfoncer
les pierres qu'il rencontre, au
lieu de les écarter; en outre, il
est plus coûteux qu'un coutre léger ordinaire. Dans
toutes les charrues ou appareils servant à dégazonner,

Fig. 32.

sur quelques centimètres de profondeur seulement, le coutre circulaire serait d'un bon emploi, car il coupe très facilement les herbes. Lorsqu'on l'emploie, la trace de sa lame doit être à 1 centimètre de celle de la pointe du soc, et le diamètre d'environ 0^m,300.

CHAPITRE V.

DU SOC.

§ Ier.— Fonction du soc ; forme du tranchant.

70. Le soc fait horizontalement, ou à très peu près horizontalement, ce que le coutre fait verticalement ; mais si, à la rigueur, dans quelques cas, le coutre peut être supprimé, il n'en est plus de même du *soc*, partie si indispensable, que quelques auteurs l'ont appelé l'*âme de la charrue*, et qu'anciennement on désignait cette pièce sous le nom de *fer de charrue*, car seule elle était de métal. La fonction du soc, beaucoup plus importante que celle du coutre, a un léger rapport avec celle d'une bêche qui serait poussée horizontalement, mais la différence essentielle provient de ce que l'action du soc étant continue, on ne peut le faire, d'un coup, trancher sur toute la largeur de la motte à enlever, comme on le fait avec la bêche ; car une lame large, une ratissoire, par exemple, est sujette à rencontrer des pierres qui la font dévier de sa direction, tandis qu'une lame triangulaire écarte peu à peu les obstacles, et cela d'autant plus

facilement qu'elle est plus aiguë. La déviation dans une
bêche est peu importante, parce que l'homme qui emploie
l'instrument peut immédiatement y remédier, ce qui ne
peut se faire instantanément dans la charrue. L'inclinaison du tranchant, par rapport à la ligne horizontale
de direction du mouvement, est donc la première condition à laquelle doit satisfaire un soc.

71. On a toujours donné, en outre, comme raison de
l'obliquité du tranchant du soc, la facilité de pénétration, et la moindre traction que cette pièce, ainsi faite,
exige. La facilité de pénétration provient de ce qu'après
chaque arrêt, plus ou moins complet, toute la traction
des animaux portant sur un seul point, ou du moins sur
une très faible surface, la *pointe*, il y a, malgré la grande
cohésion de la terre, un commencement d'action qui se
continue en éloignant tous les obstacles accidentels
qui peuvent se présenter ; mais une fois le mouvement
obtenu, le soc n'agit plus que comme une lame, ou une
suite de coins ordinaires dont la section est verticale.
Le soc, non plus que le coutre, ne peut être considéré
comme un instrument agissant à la façon d'un couteau
qui tranche en sciant, car ils agissent par une force qui
les pousse parallèlement à leur première position.

72. Le soc n'est, pour ainsi dire, que le commencement d'une autre pièce, le *versoir* ; aussi ne devons-nous
l'étudier surtout que sous le rapport de la forme du
tranchant et de son inclinaison, et de la largeur de l'*aile*
par rapport à celle de la bande que l'on veut séparer.
Quant à la forme de la surface supérieure de l'aile, elle
est entièrement dépendante de celle du versoir qui,

pour être dans de bonnes conditions, doit commencer
à renverser la terre, dès le tranchant même du soc.

73. Nous avons indiqué précédemment les avantages
de l'inclinaison du tranchant; mais, de nos observations
précédentes, il résulte immédiatement qu'il est inutile
de chercher à donner au tranchant des courbes particu-
lières dans le but de diminuer la traction. La résistance
au passage, dans la terre, d'un mouvement uniforme,
ne dépend que de l'inclinaison de la face supérieure du
soc par rapport au plan horizontal du mouvement, c'est-
à-dire de son acuité comme coin entrant en soulevant
la terre : ceci posé, nous allons examiner les diverses
formes de tranchant du soc.

74. Les trois *formes simples* sont indiquées dans les
figures 33, 34 et 35 ; chacune d'elles peut recevoir

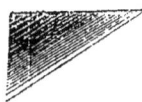  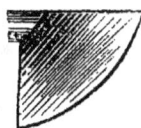

Fig 33.   Fig. 34.   Fig. 35.

une pointe (fig. 36, 37, 38); enfin, on peut avoir des
formes mixtes en combinant les trois tranchants simples
par deux ou même par trois (fig. 39, 40). Le tranchant rectiligne (fig. 33) n'a peut-être pas, à longueur
égale, autant de facilité de pénétration que le tranchant
concave (fig. 34), dont la pointe est très aiguë; et le
tranchant convexe (fig. 35), au contraire, a sa pointe
peu aiguë, mais par suite difficile à user, tandis que la
pointe fine du tranchant convexe est presque immédiatement rompue. Ce tranchant convexe ne présente

d'autres avantages que celui d'offrir une grande surface de fer à user à l'extrémité de l'aile, portant sur le sol dans les tournées ; du reste, le tranchant convexe, par l'usure, est bien vite ramené au tranchant rectiligne.

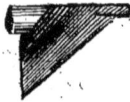  

Fig. 56.　　　　　Fig, 37.　　　　　Fig. 58.

75. L'adjonction d'une pointe à chacune de ces formes de tranchant a pour effet de faciliter la pénétration dans tous les terrains, et en particulier dans les sols pierreux qui éclatent plutôt qu'ils ne sont tranchés.

 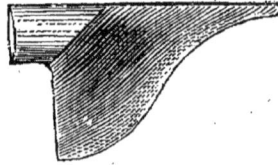

Fig. 59.　　　　　　　　Fig. 40.

76. Les tranchants mixtes des figures 39 et 40, jouissent des avantages propres à chacune des formes simples qui les composent. Ainsi, le soc de Valcourt (fig. 39), a la facilité de pénétration ; il présente aussi une grande surface à user pour les tournées, et la plus grande partie de son tranchant est rectiligne. Mais, en général, les tranchants courbes ont l'inconvénient d'être d'une exécution plus difficile, et par suite d'un prix plus élevé ; en outre, leurs réparations exigent des ouvriers exercés qu'il est rare de trouver dans les campagnes, et leur

ajustage, après les mises neuves et les rebattages, sont
très souvent à renouveler.

§ II. — Largeur du soc.

77. La largeur du soc paraît naturellement devoir
être précisément égale à celle de la bande qu'on veut
détacher ; cependant les idées sont tellement partagées
sur ce point, que quelques personnes prétendent que
cette largeur doit être plus grande que celle de la bande
même, tandis que la presque généralité des constructeurs écossais et anglais font leurs socs de moitié ou
des trois quarts seulement de la largeur de la tranche à
soulever.

78. Nous ne voyons aucune bonne raison pour faire
le soc plus large que la bande ; tout ce qui est superflu
est nuisible, dans une pièce frottante surtout. En faisant
le soc précisément aussi large que la bande maxima à
enlever, on est certain de couper toute la terre, toutes
les racines qui peuvent se présenter : l'excès n'a donc
aucun avantage, et ne peut qu'augmenter la résistance
que l'attelage doit vaincre.

79. Quant au système anglais, d'assez bonnes raisons
militent en sa faveur : en laissant le quart et même la
moitié de la bande non coupée, les constructeurs anglais
prétendent empêcher que la bande ne soit jetée hors du
versoir sur la droite ; il est vrai qu'une bande entièrement séparée du sous-sol ferme peut être ainsi repoussée,
mais nous croyons pouvoir dire que toutes les fois que
ce déplacement aura lieu, il y aura une mauvaise forme

ou génération du versoir qui tendra à pousser à droite, au lieu d'élever légèrement la terre en la retournant ; et, en effet, on remarque dans la *souche* du soc des charrues écossaises une surface précédant le versoir, et qui est éminemment propre à pousser la bande sur la droite. Cependant ce principe, appliqué sans l'exagération qu'y mettent certains constructeurs, c'est-à-dire en ne laissant non tranchée qu'une très faible partie de la bande, 3 ou 4 centimètres au plus, vers l'extrémité droite, nous semble une chose excellente : elle assure une bonne rotation de la bande autour de cette partie fixe comme charnière, et la portion de terre restante se trouve assez facilement déchirée peu à peu par le passage du bord inférieur du versoir. Si ce même principe est aussi exagéré que dans certaines charrues d'outre-Manche, il en résulte une augmentation de résistance, et, en outre, une partie de la terre peut rester adhérente au sous-sol, car la déchirure (fig. 41) ne peut se faire que suivant la plus petite épaisseur, et le fond des jauges présente-

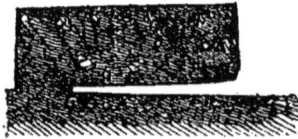

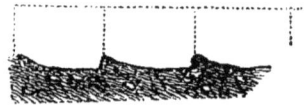

Fig. 41.   Fig. 42.

rait une série d'arêtes (fig. 42) non remuées ; par suite un travail plus faible que celui d'une charrue dont le soc serait à très peu près aussi large que la bande à détacher.

§ III. — De la forme générale du soc et de son assemblage.

80. Ce qui précède détermine la forme du tranchant du soc, son inclinaison par rapport à la direction de la charrue dans le plan horizontal, et enfin sa largeur même ; il ne nous reste plus qu'à examiner les différentes formes d'ensemble que cette pièce peut présenter en vue de son assemblage avec le corps de la charrue ou seulement avec le sep.

Nous passerons rapidement sur les socs primitifs formés par une simple barre de fer prismatique ou conique, dont le seul effet consiste à gratter la terre, et qui ne remplissent pas la véritable fonction des socs actuels, *détacher en dessous une tranche de terre suivant un plan horizontal*. Ces socs primitifs (fig. 43) se montrent encore

Fig. 43.

dans les araires de quelques contrées arriérées. La barre de fer formant soc est poussée en avant lorsque la pointe est usée, et elle est retenue dans la position convenable ordinairement par un ou deux coins qui permettent de la faire piquer en terre plus ou moins, à volonté.

Les socs complets peuvent être classés en trois genres : 1° *socs à souche* ; 2° *socs à tige* ; 3° *socs trapézoïdaux*, dits *américains*.

81. Dans les *socs à souche*, on distingue deux parties

4

principales : la souche A et l'aile B (fig. 44). La souche
s'adapte sur l'extrémité antérieure de la pièce appelée

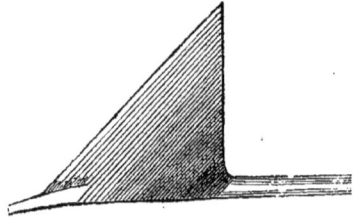

Fig 44.   Fig. 45.

sep, comme l'indiquent les figures 1, 2 et 3, planche XIII,
représentant, sur ses diverses faces, le soc de la charrue
anglaise dite *East-Lothian*.

Il y est retenu soit par un coin, soit par une goupille
traversant la souche et l'avant du sep.

82. Les *socs à tige* (fig. 45) ont la forme d'un triangle
rectangle, et sont assemblés avec le sep par l'intermé-

Fig. 46.

diaire de l'appendice ou tige A contre le sep (fig. 46),
d'une manière quelconque.

Les figures 4 et 5, planche XIII, représentent un soc
de genre mixte et comprenant, pour ainsi dire, les deux
formes précédentes ; il appartient à la charrue tourne-
oreille de Henri Éloi, et se compose d'une lame tran-
chante A, sur laquelle est rivée une bande de fer repliée

formant souche, et dans laquelle est fixée une tige **B** mobile.

83. Les *socs américains* (fig. 6, 7 et 8, planche XIII) sont formés par une plaque de fer aciérée, de forme trapézoïdale, assemblée au moyen de deux boulons sur la partie antérieure du sep. Cet assemblage peut se faire de plusieurs façons :

1° Par deux boulons ayant leurs têtes en *gouttes de suif* très aplaties, et leurs écrous placés en dessous du soc (fig. 47). Cette disposition exige, sous le tranchant, un angle d'écart assez considérable pour éviter que les écrous ne touchent le fond de la raie ou ne s'en rapprochent assez pour que la terre y adhère et donne à la

Fig. 47.

Fig. 48.

charrue une tendance à sortir de terre ; mais cette augmentation de l'angle d'action du soc, considéré comme coin, augmente la difficulté d'introduction de cette pièce dans la terre.

2° L'écrou est à encoche (fig. 48), placé en dessus du soc, et logé dans sa demi-épaisseur ; la tête du boulon est en dessous, et comme elle est d'une plus faible épaisseur que ne serait celle d'un écrou, cette disposition permet de donner au soc un faible angle d'action, mais l'écrou, trop peu épais, ne présente pas assez de filets de vis pour que l'assemblage soit suffisamment solide.

3° Enfin, on peut supprimer l'écrou et assembler le soc sur le sep ou sur la partie antérieure du versoir par une vis engagée dans des filets creusés dans le soc, qui est ainsi ce que dans les ateliers on appelle *taraudé* (fig. 49).

84. Quel que soit le genre de soc employé, il faut que le tranchant seul et la pointe touchent les parois de la jauge ; c'est-à-dire qu'une coupe du tranchant du soc,

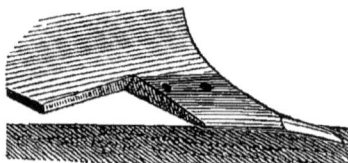

Fig. 49.　　　　　　　　Fig. 50.

parallèlement au plan de la *muraille* de la charrue, donnerait la forme indiquée dans la figure 50.

Le but de cette disposition est d'empêcher que la terre du fond de la jauge n'adhère au soc, et, en s'y amassant, n'augmente la résistance que présente la terre au passage du soc : si, par une cause quelconque, cet angle d'écart est trop grand, comme nous avons déjà eu l'occasion de le dire, on augmente l'angle d'action, et, par suite, la difficulté d'introduction du soc.

85. Une précaution analogue doit être prise du côté de la muraille : la pointe seule est dirigée vers la terre non remuée (le guéret), comme l'indique la figure 51; cette inclinaison est faite aussi dans le but d'empêcher l'adhérence des terres, et, en outre, pour donner, le

régulateur étant à sa position normale, une légère tendance à l'entrure, ou *trempage* (la pointe plongeant de
quelques millimètres), et une faible tendance à prendre

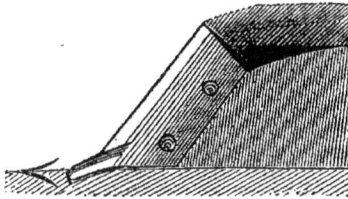

Fig. 51.

de la raie, ou *rivotage* (la pointe se dirigeant un peu vers
la gauche de la charrue). Nous reparlerons, lorsqu'il
s'agira de la traction générale de la charrue, de ces deux
tendances, et des moyens de l'obtenir et de la régler.

86. Quant à la forme de la surface supérieure du
soc, elle est intimement liée à celle du versoir, ou plutôt
elle en fait partie.

87. Le soc peut être de *fer* ou de *fonte*. Lorsque le
corps du soc est de fer, son tranchant est aciéré ou même
fait entièrement d'acier.

88. Les considérations propres à déterminer le choix
du genre de soc le plus convenable et de la matière
dont il doit être fait sont les suivantes : 1° le bas prix ;
2° la facilité d'ajustage, d'assemblage et de démontage ;
3° la possibilité des réparations.

Le tranchant du soc s'usant beaucoup plus rapidement
que les autres pièces de la charrue, doit être remplacé
assez souvent, et l'entretien du soc entre pour une forte
partie dans le prix de revient du labour. Si le soc tout
entier est de fer, et du premier genre, ou à souche,

4.

une fois le tranchant usé et rebattu autant que possible,
on doit y faire une mise d'acier, travail dont le prix de
revient est considérable, et enfin, au bout d'un certain
temps, le soc, ne pouvant plus être réparé, est mis à la
ferraille : un poids considérable de fer est donc perdu
inutilement. Il en est de même, bien qu'à un moindre
degré, des socs à tige ou du second genre. Seuls les socs
trapézoïdaux ou américains remplissent la condition
d'être réduits à la partie travaillante, c'est-à-dire à un
tranchant d'acier assez large seulement pour pouvoir
être assemblé sur l'avant de la charrue. Lorsque ce soc
est mis hors de service, la perte de matière première est
beaucoup moindre que dans les deux premiers genres ;
son prix d'achat est très faible relativement, ce qui permet de faire une certaine provision de socs de rechange,
et de continuer par suite les labours, dans tous les cas,
sans craindre d'interruption et sans attendre une réparation du forgeron.

Lorsque la fonte de fer est employée à la fabrication
des socs, leur prix de revient est beaucoup moindre, et,
par suite, on peut, sans trop d'inconvénient, faire des
socs du premier genre ou à souche ; mais rien n'empêche
d'augmenter encore l'économie de matière à remplacer,
en faisant des socs de fonte trapézoïdaux. L'assemblage,
le montage et le démontage des socs à souche, ne sont pas,
du reste, plus faciles que les mêmes opérations faites sur
un soc américain. La conséquence pratique à tirer de ce
qui précède, est donc que les socs trapézoïdaux (ou *petits socs*) sont ceux dont la forme est la plus convenable
sous tous les rapports, qu'ils soient de fer forgé ou de

fer fondu. Quant à cette dernière matière, elle n'est pas employée en France pour les socs, ou du moins elle ne l'est que par exception. Le reproche qui leur est fait, c'est la facilité de la fonte à casser sous l'action d'un choc : cela est vrai pour quelques fontes dures, blanches, de mauvaise qualité ; mais il est certain que, par de bons procédés de moulage et un bon choix de matières premières, on peut établir des socs de fonte d'une grande résistance (sous un faible poids), et d'une durée à peu près aussi grande que celle d'un soc de fer ordinaire de forge. Les réparations ne sont pas possibles sur la fonte, il est vrai ; mais le remplacement d'un soc de petite dimension de fer fondu ne coûtera pas plus, et même moins qu'une mise d'acier sur un soc ordinaire. Un autre reproche qui peut être fait à la fonte, serait de ne pas *couper* les racines, le tranchant n'étant pas aussi *vif* que celui d'un soc de fer aciéré rebattu : cette objection n'a pas toute la valeur qu'on pourrait lui attribuer au premier abord ; le soc n'agissant pas en réalité comme un tranchant, mais comme un coin devant seulement faire éclater ou arracher même les racines. Cependant on ne peut nier qu'un tranchant affilé ne puisse être très avantageux dans certains sols. Mais ce cas est tout particulier, et dans toute contrée où, par suite de l'avancement de l'agriculture, le sol est soumis à de nombreuses et profondes façons, les socs de fonte ont toutes les chances de réussite.

CHAPITRE VI.

DU VERSOIR.

§ Iᵉʳ. — Des conditions générales du versoir.

89. *But du versoir.* — Le coutre et le soc détachent, sous la forme d'un long parallélipipède, une bande de terre que, dans le même temps, le *versoir* doit renverser.

90. *Torsion de la bande dans l'hypothèse d'une cohésion suffisante.* — Cette dernière opération devant se faire au moyen d'une pièce de longueur limitée, marchant d'un mouvement de translation dans le sens ZA (fig. 52), il

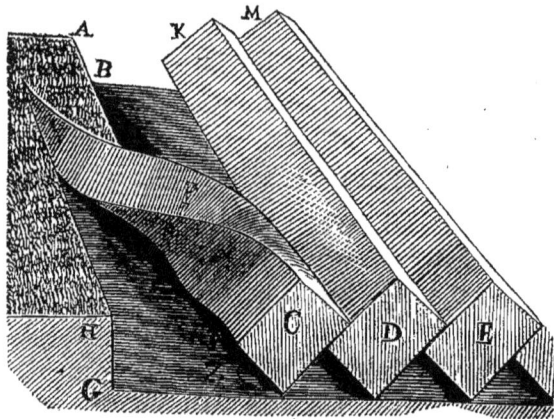

Fig. 52.

est visible que la bande au point A n'a encore fait aucun mouvement quand la portion C est complétement re-tournée : il faut donc, si l'on suppose la terre douée d'assez de cohésion pour que son mouvement s'opère sans rupture, que chaque portion infiniment petite de la bande puisse tourner indépendamment de ses voisines, c'est-à-dire que l'on doit considérer la bande entière, à cet état hypothétique de torsion continue, comme composée d'un nombre infini de petits parallélipipèdes ayant pour hauteur une portion infiniment petite de l'axe central de torsion OO' (fig. 53), ou de la ligne droite **ZA**, suivant

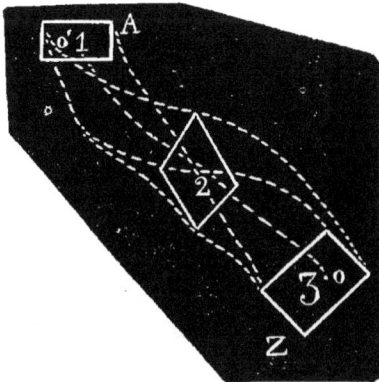

Fig. 53.

que l'on considère cette bande comme douée d'une certaine élasticité, ou au contraire sans élasticité, et pour base le rectangle C (fig. 52), si l'on admet, ce qui est très peu éloigné de la vérité, que le soc coupe suivant un plan horizontal, le coutre suivant un plan vertical, et que leurs tranchants soient minces et uniformes.

91. *Division hypothétique de la bande en rectangles matériels.* — On peut donc considérer ces petits parallélipipèdes comme aussi près d'être des rectangles qu'on voudra l'imaginer, et ces rectangles ne seraient pas autre chose que les sections idéales faites dans la bande de

terre tordue sur le versoir (fig. 53), par des plans infiniment rapprochés, perpendiculaires à l'axe OO′ de torsion de la bande ou à la ligne ZA, si la bande n'est pas considérée comme élastique.

Nous disons perpendiculaires, mais cette condition n'est pas forcée, et l'on conçoit que les plans sécants donnant pour sections des rectangles peuvent être obliques, suivant une certaine loi, aux lignes OO′ ou ZA : cette obliquité ne détruit pas les raisons qui nous font adopter l'hypothèse de la division de la bande faite précédemment.

92. *La surface agissante du versoir doit être une surface réglée.* — Le côté inférieur du rectangle ABCD (fig. 54) devra prendre, pendant le passage du versoir, toutes les

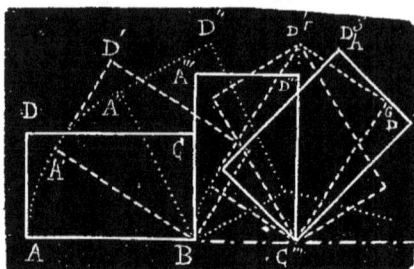

Fig. 54.

inclinaisons, depuis l'horizontale jusqu'à la position extrême : or, l'influence seule de la surface du versoir devant faire prendre ces positions à la ligne AB, il faut que, dans chacune d'elles, cette droite soit toujours entière sur le versoir au fur et à mesure de son avancement, c'est-à-dire que la surface de ce dernier est le lieu géométrique des positions successives que doit prendre ou que l'on veut faire prendre à la droite AB, depuis l'horizontale jusqu'à la position finale A^5D, reconnue nécessaire pour un bon labour, dans le cas de la section de bande considérée (d'après ce que nous avons dit précédemment) : par suite, la surface du versoir doit être composée d'*une suite continue de lignes droites*, c'est-à-dire qu'elle est du genre des surfaces dites RÉGLÉES.

93. *Définition et génération d'une surface réglée en général.* — Une surface réglée en général peut être considérée comme engendrée : 1° par une droite s'appuyant sur deux lignes directrices; ou 2° par une droite s'appuyant sur une seule directrice, droite ou courbe, et ayant, par rapport à cette ligne, deux mouvements, l'un de translation, l'autre de rotation, l'angle que fait la droite qui engendre la surface avec la directrice étant connu.

94. 1° *Génération.* — Soient (fig. 55) deux courbes quel-

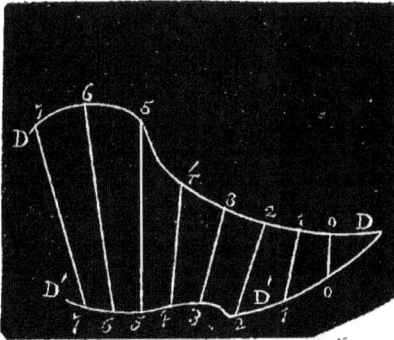

Fig. 55.

conques D' et D; O, O, la position initiale de la génératrice que fixe le commencement de la surface; 1, 2, 3, 4, etc.,

les points successifs situés sur la première direction D;
1', 2', 3', 4', etc., des points successifs sur la courbe D'.
Il est évident que si ces courbes sont tracées dans l'espace, ou déterminées par leurs équations, les points
1, 2, 3, 4, 5, etc., sont aussi déterminés. Du reste, les
distances infiniment petites 0 1, 1 2, 2 3, etc., 0' 1', 1' 2',
2' 3', quoique toutes infiniment petites, ne sont pas égales
en général, mais dépendent de la nature de la courbe;
car deux quantités peuvent être infiniment petites sans
être égales (*Mécanique rationnelle*, liv. I, n° 36).

Les points 0, 1, 2, 3, etc., 0', 1', 2', 3', etc., bien
déterminés, il est évident que si on les suppose joints par
une suite de lignes droites 0 0', 1 1', 2 2', etc., ces lignes
infiniment rapprochées forment une surface parfaitement
déterminée de position; car connaissant, géométriquement ou algébriquement, les points 0, 0', 1, 1', 2, 2', on a,
par cela même, la position des lignes 0 0', 1 1', 2 2', etc.,
et, par conséquent, la connaissance complète de la surface qu'elles forment, surface qui évidemment est parfaitement distincte de toute autre.

95. 2° *Génération*. — Soit (fig. 56) une seule directrice D, et supposons que la génératrice doive rester

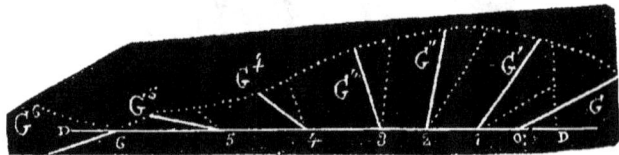

Fig. 56.

constamment normale à D, tout en ayant, par rapport
à cette directrice, un mouvement de rotation connu

(uniforme, par exemple), d'une vitesse déterminée, et un mouvement de translation uniformément accéléré, d'accélération connue.

Des distances successives infiniment petites fixeront un point de chacune des génératrices qui doivent se trouver dans des plans normaux à la directrice D en chacun de ces points. La première génératrice étant G, si par 1 on mène dans le plan P une droite parallèle à G, on aura la position de la deuxième génératrice dans le cas d'un mouvement de rotation nul; mais dans le cas actuel, la génératrice ayant un mouvement de rotation, et ce mouvement étant accéléré, la véritable génératrice G' doit faire avec cette parallèle un angle égal à l'espace parcouru en vertu du mouvement de rotation dans le temps compris entre les deux positions 0 et 1. Soit connu cet angle, G' sera entièrement déterminée soit géométriquement, soit algébriquement; il en serait de même pour G'', G''', etc. Donc on a ainsi une surface réglée déterminée et distincte de toute autre.

96. *Génération mixte.* — Souvent la condition de position de la génératrice, par rapport à la directrice, et celle du mouvement de rotation, sont implicitement comprises dans une condition que doit remplir la génératrice, par rapport à des objets extérieurs : ainsi, par exemple, la génératrice, tout en s'appuyant sur une

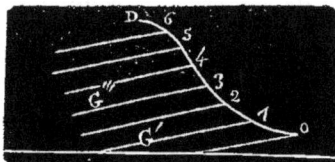

Fig. 57.

directrice donnée, devra rester horizontale (fig. 57) ou

verticale, ou parallèle à sa première position, ou enfin à une ligne donnée, etc.

97. *Les surfaces réglées sont en nombre infini. Possibilité de les spécialiser et de les classer par genres.* — On comprend facilement que le nombre des surfaces réglées est infini, puisque non-seulement le nombre des lignes qui peuvent servir de directrices est infini, mais qu'encore les mouvements peuvent avoir des vitesses et des accélérations variant d'une infinité de manières : mais en même temps, on conçoit aussi qu'il est possible de spécialiser une de ces surfaces par certaines conditions, de manière à la distinguer parfaitement de toute autre surface réglée ; qu'il pourra y avoir des groupes, des espèces et des variétés.

Les lois de la nature sont heureusement si simples, que les surfaces réglées qui peuvent être employées dans certains travaux sont en général beaucoup plus facilement déterminées qu'on ne l'imaginerait d'après ce que nous venons de dire des surfaces réglées en général.

98. *Conditions de particularisation des surfaces réglées.* — Les conditions qui peuvent servir à particulariser les surfaces réglées sont les suivantes :

1° Les directrices sont des lignes définies : des courbes de construction connue, ou des droites, par exemple.

2° Les génératrices (qui sont toujours droites, car elles représentent les diverses positions de la droite qui engendre la surface réglée) font un angle constant avec une directrice définie, ou leur inclinaison varie suivant une certaine loi. Ainsi, par exemple, les génératrices doivent faire des angles de plus en plus grands avec la directrice ou être normales à cette directrice, etc.

3° Les mouvements de translation et de rotation ont entre eux un certain rapport : si l'un est uniforme, l'autre est uniformément accéléré, retardé, ou enfin uniforme, par exemple.

99. *Surface réglée du versoir; idée de la marche à suivre pour arriver à la spécialiser.* — Comme il est probable qu'une surface réglée quelconque ne peut pas être convenable pour opérer le renversement de la bande de terre, nous allons examiner quelles sont les conditions qui peuvent résulter du fait d'un renversement régulier et de la considération du meilleur emploi de la force motrice ; et si ces conditions sont suffisantes, elles détermineront la forme à donner à la pièce importante que nous étudions, à l'exclusion de toute autre.

100. La surface réglée mise en mouvement par la force motrice agit par déplacement, c'est-à-dire que la bande étant retenue en avant par la réaction de la portion de terre non remuée et en arrière par la réaction de la bande déjà renversée, les petits parallélipipèdes ou rectangles matériels qui forment la bande doivent constamment se trouver sur les génératrices de la surface réglée ; et, par suite, cette surface n'est pas autre chose que le lieu géométrique des positions du côté inférieur d'un rectangle dans toutes les phases de son renversement, de son retournement, et quelquefois de son déplacement ou de son élévation.

Dans le cas d'une charrue ordinaire, on n'a pour but que le renversement.

101. *Directrice.* — L'observation de la manière d'agir

du versoir nous montre alors que, le renversement étant supposé parfait, toutes les génératrices doivent s'appuyer sur une ligne droite horizontale, parallèle au mouvement de translation de la charrue; car n'ayant pour but que de retourner la terre et non de l'élever en tous ses points, ni de la déplacer latéralement, l'arête de rotation doit rester horizontale et parallèle à la direction de la charrue : donc cette ligne peut être considérée comme directrice, puisque toutes les génératrices ou, ce qui leur correspond, les côtés inférieurs des rectangles doivent s'y appuyer, et cette ligne est évidemment définie.

Si la bande, après avoir tourné sur une arête, prend un mouvement de rotation autour d'une autre de ses arêtes devenue horizontale, la directrice de la *nouvelle surface* sera, pour les mêmes raisons, une droite horizontale parallèle à la direction du mouvement de translation générale; car la condition d'un renversement opéré sans élévation ni déviation latérale de la bande doit être satisfaite pour cette seconde rotation aussi bien que pour la première, en admettant toujours l'hypothèse de la torsion de la terre sans rupture et ne tenant pas compte de son élasticité.

102. *Deuxième condition. Normaléité des génératrices par rapport aux directrices.* — Chacun des rectangles composant la bande doit, pour venir se placer dans une position convenable pour le labour, tourner autour d'un de ses sommets jusqu'à ce que son poids le fasse tomber de lui-même : ils doivent donc se mouvoir l'un contre l'autre dans une certaine limite. Or si cette rotation se faisait dans un plan oblique à la direction AZ (fig. 52),

on pourrait supposer ce mouvement décomposé en deux :
l'un normal, et l'autre ayant lieu dans la direction AZ
de la marche; celui-ci est évidemment inutile et même
nuisible à l'effet qu'on veut produire. Du reste, tout mouvement dans cette direction est empêché : en avant, par
la réaction des rectangles antérieurs et de la bande non
retournée ; en arrière, par la réaction des rectangles pos-
térieurs et de la bande déjà renversée. Ces deux réactions, lorsqu'elles sont sollicitées par une mauvaise forme
du versoir, tendent à faire *mousser* la terre devant le
versoir, à *rompre* la bande, ou enfin à l'*élever* plus qu'il
n'est utile pour le renversement.

Donc *la rotation des rectangles matériels doit se faire*, ou
*tendre à se faire normalement à la direction de la marche
de la charrue;* c'est-à-dire que *les génératrices doivent
être normales aux axes de rotation de la bande,* axes définis précédemment pour chacune des surfaces du versoir,
et, par suite, les surfaces réglées qui pourront être
adoptées doivent satisfaire à cette seconde condition.

103. *Cas particulier d'une bande élastique.* — Dans le
cas, très peu probable, où l'on devrait tenir compte de
l'élasticité de la bande, cette condition se modifierait en
ce sens que les génératrices devraient être normales à
l'axe central de torsion à double courbure adoucie pour
que la force employée soit la plus petite possible et pour
empêcher la rupture de la bande. Cette observation, faite
pour la première fois, je crois, par M. Barré de Saint-
Venant, est juste, mais peut-être n'a-t-elle pas une importance aussi grande que la précédente, par suite du
peu d'élasticité de la plupart des terres ; et il convient

probablement mieux de laisser la bande, supposée élastique, se rompre peu à peu et régulièrement par l'effet d'une surface à axes rectilignes et génératrices normales à ces lignes, car cette rupture est plutôt utile que nuisible, et n'empêche pas que le renversement soit régulier lorsqu'elle n'a lieu que successivement et dans la partie extrême du versoir.

Si cependant on veut tenir compte de cette nouvelle condition, on ne devra pas oublier la précédente, et, par conséquent, prendre pour directrices des lignes qui dépendront en même temps de la position de l'axe de torsion et de celle des axes de rotation : ces nouvelles directrices seront en général assez peu différentes de celles définies précédemment : aussi remettons-nous à parler de cette différence dans la partie essentiellement pratique de ce travail, et en attendant, nous admettrons que la bande n'est pas élastique, et que par conséquent ses axes de rotation sont rectilignes et parallèles à la direction de la marche de la charrue, et que les génératrices de la surface du versoir sont des droites normales à ces axes de rotation.

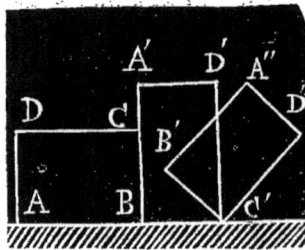

Fig. 58.

104. *Analyse du mouvement de la bande. Deux phases.* — Si nous analysons le mouvement de rotation qui doit être opéré au moyen du versoir, nous voyons qu'on peut y distinguer deux phases. La première consiste dans le *redressement* de la bande de la position horizontale ABCD (fig. 58)

à la position verticale BA'D'C'. Dans la seconde, la bande est amenée de la position BC'D'A' à une position C'B'A''D'', telle que la bande ait l'inclinaison convenable aux bandes retournées, ou que du moins elle tende à tomber d'elle-même sur celles déjà renversées.

Il faut, pour que le rectangle matériel puisse tomber de lui-même (fig. 59), que sa diagonale C'A'' ait dépassé

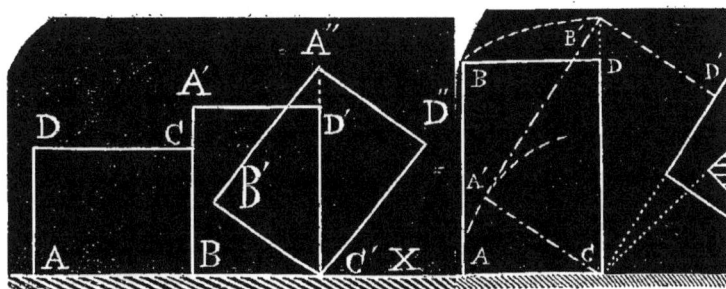

Fig. 59.

la verticale d'une certaine quantité, c'est-à-dire que l'angle D''C'X soit au plus égal au complément de D''C'A''. Or, on a tang $D''C'A'' = \dfrac{A''D''}{D''C'} = \dfrac{h}{l}$; h représentant la profondeur du labour et l la largeur. Donc, l'angle D''C'X étant à la limite le complément de A''C'D'', on a tang $D''C'X = \dfrac{l}{h}$. Le lecteur non initié aux formules trigonométriques pourra déterminer l'angle que doit faire la dernière génératrice du versoir avec l'horizon au moyen d'une figure géométrique à l'échelle et semblable à la figure 59.

L'angle D''C'X dépend donc du rapport de la largeur

à la profondeur du labour ; si nous supposons ce rapport égal à 1,6, nous aurons tang $D''C'X = 1,6$, d'où angle $D''C'X = 58°$, c'est-à-dire que dans ce cas particulier, la bande devrait être conduite par le versoir jusqu'à ce que le grand côté du rectangle fasse avec l'horizon un angle plus petit que 58°, soit 56° ou 55°.

La dernière génératrice du versoir devrait donc avoir cette inclinaison.

Si l'on veut conduire, sans l'abandonner, la bande jusqu'à sa position de stabilité, l'angle de la dernière génératrice sera plus petit et dépendra du rapport existant entre la longueur et la profondeur du labour. En effet, lorsque les bandes sont couchées l'une sur l'autre (fig. 60), les points C'C'' représentent les points de ro-

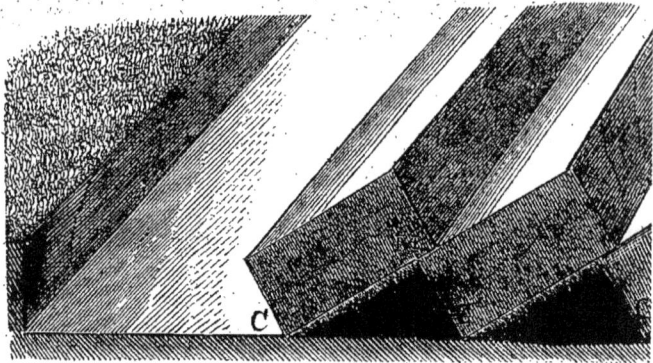

Fig. 60.

tation de deux bandes contiguës ; et comme ils n'ont pas changé de position, le renversement étant supposé parfait, ils se trouvent distants l'un de l'autre d'une quantité précisément égale à la largeur du labour. On a donc $C'C'' = l$.

Dans le triangle MC'C'', MC'' $= h$ et l'angle M est droit :
donc l'angle MC'C'' a pour sinus $\frac{MC''}{C'C''}$ ou $\frac{h}{l}$. Dans le cas
particulier indiqué précédemment, on aurait : sinus
MC'C'' $= \frac{1}{1,6} = 0,62374$, d'où log sin. MC'C'' $= 9,79491$;
et enfin, angle MC'C'' $= 38° 35'$. Donc la dernière
génératrice du versoir devrait avoir cette inclinaison
pour conduire la bande jusqu'à sa position de stabilité
dans le cas particulier énoncé ; dans le plus grand
nombre des cas, il conviendra de ne pas atteindre cette
limite, et évidemment on ne devra jamais la dépasser.
Les figures 61 et 62 représentent à l'échelle la position

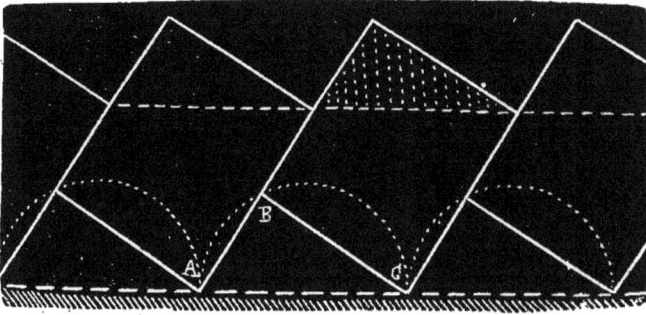

Fig. 61.

des tranches retournées lorsqu'elles s'appuient l'une sur
l'autre. Dans la figure 61, les tranches ont 0^m,255 de
largeur et 0^m,210 d'épaisseur, c'est-à-dire que la largeur
est égale à 214 de l'épaisseur, et l'angle ACB $= 55° 26'$.
Dans la figure 62, la largeur et de 0^m,215 et l'épaisseur 0^m,110, c'est-à-dire que la largeur est égale à
1,954 de l'épaisseur, et l'angle BAC $= 30° 46'$.

5.

105. *Première phase : redressement.* — Dans la première phase, chacun des rectangles matériels ou petits

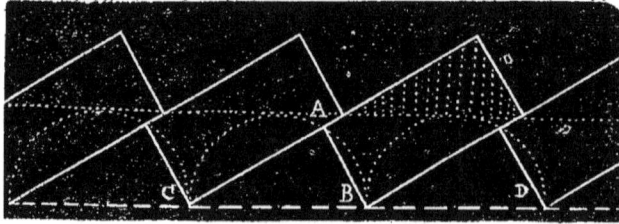

Fig. 62.

parallélipipèdes qui composent la bande doit faire un quart de tour autour de l'arête B (fig. 58) ; par suite, pour la portion de surface correspondante du versoir, la première génératrice est horizontale et la dernière BC′ est verticale ; les autres occupent des positions de plus en plus inclinées, suivant une loi quelconque, à partir de l'horizontale jusqu'à la verticale, car il n'y a pas de raisons pour que le mouvement de rotation ne se fasse pas constamment dans le même sens depuis le commencement jusqu'à la fin. La directrice définie de la surface antérieure du versoir est donc l'axe rectiligne B parallèle à la direction de la charrue et distant du guéret de la largeur du labour. En outre, les génératrices droites du versoir dans cette partie doivent toutes s'appuyer normalement sur cette ligne (101).

106. *Deuxième phase : retournement.* — Dans la seconde phase, le centre ou l'axe de rotation change et devient C′ (fig. 58) distant du premier axe de l'épaisseur de la bande de terre ou de la profondeur du labour.

Deux genres de surfaces peuvent être employés pour ce retournement, c'est-à-dire pour la seconde phase.

1° Le versoir conduira la bande par le petit côté BC', et les nouvelles génératrices seront par conséquent de plus en plus inclinées à partir de l'horizontale BC' jusqu'à une ligne B'C', telle que la diagonale C'A" ait dépassé la verticale d'une quantité assez grande pour que la bande puisse tomber d'elle-même, ou, si l'on veut, telle que la bande soit conduite peu à peu jusqu'à sa position de stabilité (58° ou 38° 35', dans le cas particulier du n° 13). Cette surface est évidemment du même genre que la première, son axe seul est différent.

2° Le versoir conduira la bande par le grand côté BA', soulevé déjà par la partie antérieure du versoir, et ce côté devra prendre la position extrême B'A", telle que C'A" ait dépassé la verticale comme précédemment ou que la bande soit couchée sur les précédentes, conduite peu à peu par le versoir, si l'on ne veut pas que la bande retournée se brise pour prendre subitement sa position de stabilité.

Les génératrices seront donc en ce cas de moins en moins inclinées à partir de la verticale BA' jusqu'à la position extrême B'A". Cette surface n'est plus absolument de la même espèce que celle de la partie antérieure, mais elle lui fait suite, puisque la même génératrice engendre les deux surfaces sans discontinuité, tandis que, dans la première hypothèse, la surface postérieure ne continue pas la partie antérieure, ce qui est un inconvénient pratique réel, et de plus le versoir, saisissant alors la bande par une nouvelle face, pourrait trouver celle-ci déjà brisée en partie ou contournée, ce qui pourrait amener un renversement irrégulier : mais il est facile de voir que si l'on détermine cette première surface, la deuxième est par suite connue, car toutes ses génératrices sont perpendiculaires à celles de la première espèce de surface postérieure. Nous reviendrons avec détail sur cette relation.

Dans la première hypothèse, la directrice est l'axe de rotation C' parallèle à celui B de la surface antérieure et distant de la profondeur du labour.

Dans la deuxième hypothèse, les directrices de la surface postérieure du versoir sont perpendiculaires à celles que nous venons d'indiquer pour la première hypothèse, ou normales aux génératrices d'un cylindre ayant C' pour axe et pour rayon la profondeur du labour.

Du reste, quelle que soit l'espèce de surface postérieure adoptée, elle doit remplir, par rapport au nouvel axe de rotation, les deux conditions qui ont été reconnues nécessaires précédemment pour la surface antérieure : c'est-à-dire qu'elle doit être une surface réglée à génératrices normales, à une droite parallèle, à la direction de la marche de la charrue.

107. *Conditions dépendant du mouvement de la terre.* — L'examen des conditions relatives au bon emploi de la force motrice nous permettra d'achever de particulariser les surfaces convenables pour l'établissement des versoirs.

Cherchons donc quel est le mouvement qui doit être produit pour opérer le renversement de la terre.

Si l'on considère chacun des rectangles matériels qui

composent la bande, comme divisé (fig. 63) par des plans verticaux infiniment rap-prochés en un grand nom-bre de rectangles aussi près d'être des lignes droi-tes qu'on voudra l'ima-giner, et que l'on étudie le mouvement de ces lignes matérielles par rapport au versoir, on voit qu'elles se

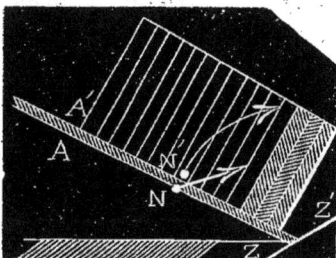

Fig. 63.

soutiennent réciproquement, et que, grâce à la cohésion, elles font corps ensemble ; donc chacun des points maté-riels qui composent une de ces lignes doit décrire un arc de cercle autour de l'axe **Z**, quelle que soit la forme du versoir.

Le point **N** du versoir qui supporte la ligne matérielle considérée décrit pendant le même temps une petite ligne droite.

Or, on sait que lorsque deux corps sont en mouve-ment, les forces appliquées à l'un de ces corps sont les mêmes que si l'un des corps était supposé fixe et l'autre animé d'un mouvement égal au mouvement relatif de ces deux corps.

Il nous reste donc à déterminer le mouvement relatif de la terre par rapport au versoir, et alors nous pourrons considérer celui-ci comme fixe, et la terre comme étant en mouvement sur le versoir.

108. *Mouvement relatif de la terre sur le versoir.* — Nous venons de voir qu'à mesure que tous les points A... N... Z du versoir se meuvent parallèlement à l'axe

AZ', les points correspondants de la bande A' N' Z décrivent des arcs de cercle autour de Z, centre commun.

Si l'on considère seulement le point M (fig. 64) de la

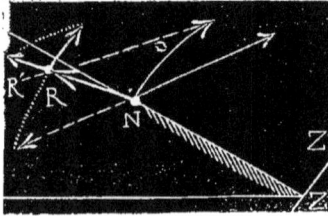

Fig. 64.

terre placé sur le point N du versoir, M décrira dans un temps infiniment petit θ l'arc de cercle MM', que l'on peut considérer comme un élément linéaire; c'est-à-dire comme une ligne droite.

Pendant le même temps θ, le point N du versoir parcourt l'espace rectiligne NN' parallèle à l'axe AZ.

Le mouvement relatif du point M, par rapport à M, sera celui qui semblerait avoir lieu pour un observateur entraîné avec le versoir qui, pour lui, est alors immobile.

Pour se placer dans la condition de l'observateur, il suffit donc de supposer le point N immobile sans cependant rien changer au mouvement relatif (Bélanger, *Cours de mécanique*). On y parvient en supposant le système des deux points N et M animé d'un mouvement égal à celui du versoir, mais directement opposé, ce qui ne change rien au mouvement relatif. Alors le point N est immobile, puisqu'il est animé de deux vitesses égales et contraires, et le point M est soumis à deux mouvements simultanés et rectilignes MM' et NN'; le mouvement résultant, ou mouvement relatif, sera donc la diagonale du parallélogramme MM'NN'R.

Or N'N'' peut être considéré comme la génératrice d'un cylindre droit qui aurait AZ pour axe et ZN pour rayon ; car N est sur le cylindre et NN' est parallèle à AZ, M est aussi sur le cylindre, ainsi que NM' : donc le parallélogramme NN'RN' sera l'élément superficiel du cylindre considéré, et par suite la diagonale MR suivant laquelle a lieu le mouvement relatif de la terre est située tout entière sur le cylindre.

Si l'on cherche le mouvement relatif pendant l'instant suivant, on trouvera aussi une droite infiniment petite RR' située sur le même cylindre ; donc on peut conclure de ce qui précède, que chacun des points de la terre posant sur le versoir a un mouvement relatif représenté par une ligne tracée sur un cylindre droit dont l'axe est l'arête de rotation de la bande, et dont le rayon est égal à la plus courte distance de ce point à l'axe AZ.

109. *Les courbes du mouvement relatif sont semblables entre elles.* — Les deux cylindres des mouvements relatifs étant concentriques, les courbes sont évidemment parallèles, puisque les points se trouvent toujours sur un même rayon, ou plutôt sur la même génératrice droite du versoir, supposée en mouvement de translation directement opposé au mouvement réel du versoir ; et ces points restant toujours à la même distance l'un de l'autre, ces courbes sont donc semblables.

110. *Formes diverses de ces courbes développées sur un plan.* — Si l'on suppose chacune de ces courbes développées, il ne peut se présenter que trois cas simples :

Le développement sera (fig. 65, 66 et 67) :

1° Une ligne droite ;

2° Une ligne courbe concave du côté de l'axe du cylindre ;

3ª Une ligne courbe convexe du côté de l'axe du cylindre.

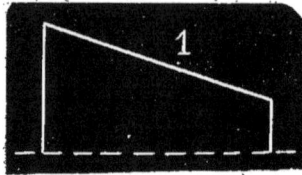
Fig. 65.

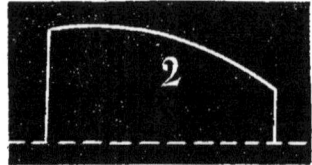
Fig. 66.

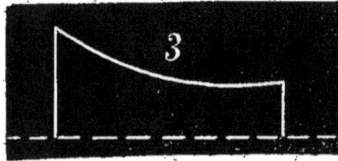
Fig. 67.

Seulement, ces trois formes simples pourront se composer deux à deux, ou même toutes les trois ensemble, pour former des lignes mixtes, brisées recto-curvilignes ou seulement curvilignes (fig. 68, 69, 70 à 79).

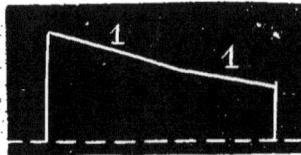
Fig. 68.

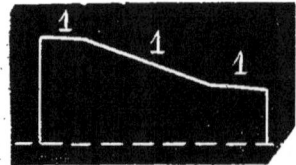
Fig. 69.

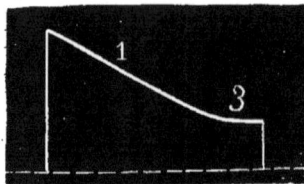
Fig. 70.

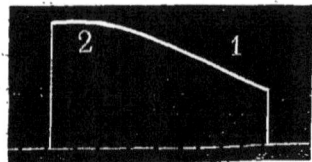
Fig. 71.

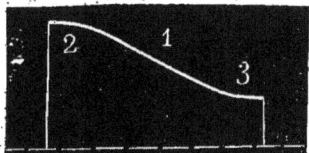
Fig. 72.

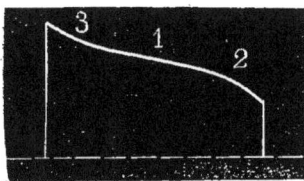
Fig. 73.

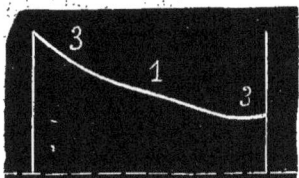
Fig. 74.

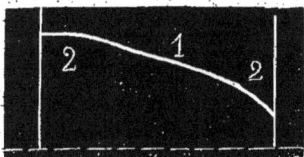
Fig. 75.

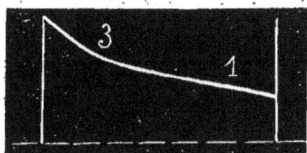
Fig. 76.

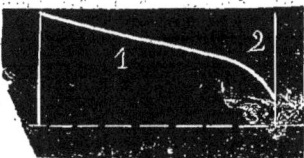
Fig. 77.

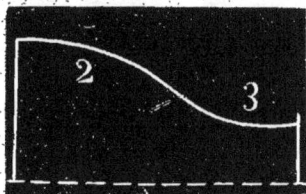
Fig. 78.

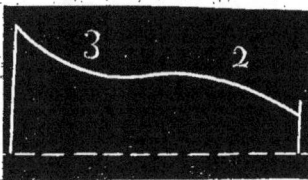
Fig. 79.

Une de ces courbes connues, elle forme avec les axes déjà définis un système de deux directrices, et, par suite, la surface du versoir est complétement déterminée.

111. — Chacune de ces différentes formes correspond à un mouvement de rotation particulier de la généra-

trice, lorsque l'on suppose son mouvement de translation uniforme, ce que l'on doit toujours faire, puisque la charrue, comme les autres machines, doit avoir un mouvement uniforme de régime. C'est donc en recherchant les mouvements de rotation qui correspondent à ces hypothèses que nous pourrons discuter la valeur de ces courbes comme secondes directrices de la surface du versoir.

Remarquons tout d'abord que la forme droite est la plus simple, que toutes les autres peuvent y être ramenées, et que, par suite, l'étude spéciale à faire d'abord est celle de la surface engendrée par une droite s'appuyant sur l'axe d'un cylindre et sur une droite tracée sur ce cylindre obliquement aux arêtes.

112. *Des forces à considérer dans le mouvement réel du versoir.* — Soit AB (fig. 80) le plan incliné d'un angle

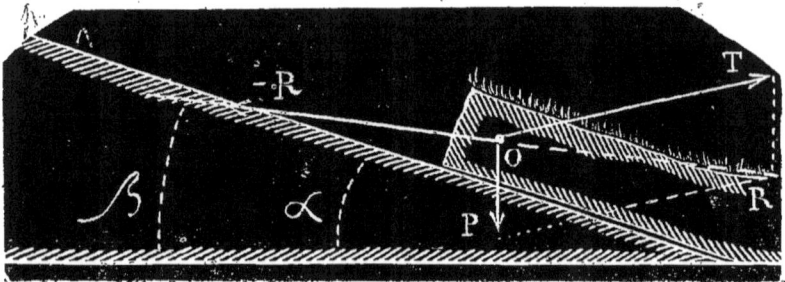

Fig. 80.

quelconque α, par rapport à l'horizon, ou plutôt par rapport à l'axe de rotation XY de la tranche de terre à retourner : ce plan représentera, par exemple, l'*élément rectiligne* (n° 35, 1re livraison) d'une courbe quelconque

du mouvement relatif de la terre sur un versoir. Soit O
la portion considérée de la terre en mouvement ; cette
masse est visiblement soumise à deux forces : son
poids P, qui la sollicite verticalement de haut en bas, et
la traction motrice T, dirigée suivant un angle quelconque (25° environ). La résultante R de ces deux
forces tend donc à comprimer la terre mobile O contre
la terre non encore tranchée : celle-ci , pour que
l'équilibre existe, doit réagir avec une force — R égale
et directement opposée à la résultante + R des deux
premières, P et T. Donc, lorsqu'on considère le mouvement relatif, c'est-à-dire lorsqu'on suppose le versoir
immobile , la terre doit être considérée évidemment
comme *montant* sur le plan incliné AB par l'action d'une
force — R dirigée suivant une certaine inclinaison β, par
rapport à l'horizon XY.

113. *Des forces à considérer dans le mouvement relatif
de la terre sur le versoir.* — Soit donc, pour simpli-

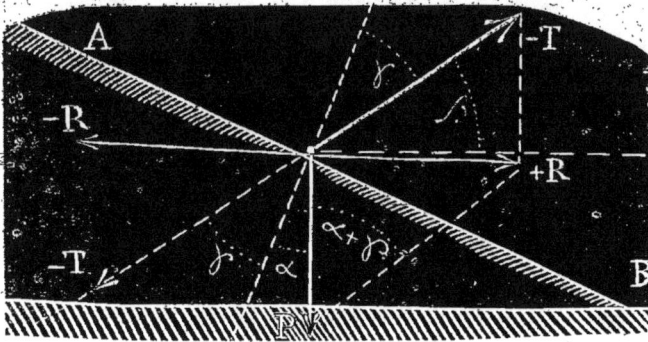

Fig. 81.

fier (fig. 81), O, la portion de terre mobile sur le plan AB, et supposée concentrée en un point matériel ; les forces qui sollicitent ce point O sont : 1° son poids P, 2° la force —R, et 3° la force qui maintient les deux premières en équilibre, c'est-à-dire la réaction du versoir sur la terre en mouvement (égale à la traction T). Cette réaction —T existe réellement, car les deux premières forces, P et R, n'étant pas directement opposées, ne peuvent se détruire : il faut donc une troisième force, qui ne peut être que la réaction du plan incliné sur la terre en mouvement. Or, ces trois forces sont appliquées au même point O, centre de gravité de la terre mobile, et, pour que le mouvement soit prêt à naître, ou conserve l'uniformité, elles doivent être dans le même plan et de directions et d'intensités telles que l'une quelconque d'elles soit égale et directement opposée à la résultante des deux autres, comme l'indique la figure 82 : T est

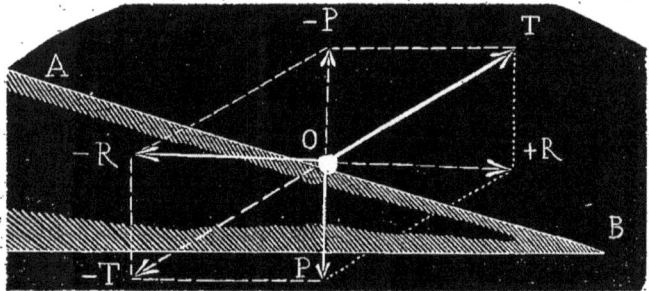

Fig. 82.

égale et directement opposée à la résultante —T des deux forces —R et P ; et P est égale à la résultante —P des forces R et T ; R est égale et directement opposée à la résultante R des forces P et T.

114. *Direction de ces forces.* — Le poids P de la terre a une direction connue : c'est la verticale (fig. 81). La réaction —T, ou plutôt la traction, est inclinée par rapport au plan horizontal d'un angle dépendant du mode d'attelage des animaux et de la longueur des traits ; enfin, la force R (fig. 81) doit être horizontale, car sans cela le plan incliné mobile tendrait à tourner autour de B dans un des sens possibles, ce qui serait contraire à l'hypothèse d'une marche convenablement réglée de la charrue, c'est-à-dire que la portion du versoir considéré tendrait à faire piquer la charrue ou à la faire sortir de terre.

115. *Grandeur relative des forces.* — Or, d'après la condition d'équilibre et les données du numéro précédent, il est facile de déterminer graphiquement la grandeur relative des trois forces. En effet, soient (fig. 82) P le poids de la terre, et β l'angle de tirage par rapport à l'horizon, si l'on prolonge R indéfiniment à droite ; que, par l'extrémité du poids P, on mène PR parallèle à T jusqu'à la rencontre de R prolongée ; puis, qu'en ce point R on mène RT parallèle au poids P, on aura dans le parallélogramme OPRT la grandeur relative des trois forces :

OP représentant, à une certaine échelle, le poids de la terre ;

OR indiquant la grandeur de la force motrice nécessaire horizontalement ;

OT, la réaction du versoir (plan incliné) sur la terre mobile. (Direction et grandeur de la portion de traction nécessitée pour le passage du plan incliné considéré dans l'état réel de mouvement.)

116. *Grandeur de la traction nécessaire pour l'éléva-tion d'un poids donné de terre.* — Or si, dans cette der-nière figure, on considère seulement le mouvement relatif, c'est-à-dire l'élévation de la terre O sur le plan incliné par l'effet d'une force horizontale, sans s'inquiéter de la direction que doit avoir la traction motrice totale de la charrue ; alors la force T, réaction du plan incliné sur la terre mobile, fait avec la normale au plan AB un angle γ (fig. 81) égal à l'angle de frottement de la terre considérée avec la matière formant le plan in-cliné (versoir) ; alors dans le triangle rectangle des forces ROP (fig. 81) on remarque que l'angle OPR est égal comme angle alterne interne à l'angle —TOP formé de deux angles respectivement égaux à γ, angle de frot-tement, et α, inclinaison du plan AB, c'est-à-dire que l'angle OPT est égal à la somme α + γ ; le rapport entre la base RO de cet angle et sa hauteur OP, prises en un point quelconque, est appelé par les géomètres *tangente trigonométrique*, c'est-à-dire qu'on a :

$$\frac{R}{P} \text{ ou } \frac{\text{force de traction horizontale}}{\text{poids de la terre à soulever}} = \text{tangente de}$$

(α + γ) ; ou, en multipliant les deux membres de l'équa-tion par le poids, P :

Force de traction horizontale, ou R = P × tan-gente (α + γ).

117. *Accroissement de cette traction.* — Si l'on cherche la grandeur nécessaire de la force de traction pour éle-ver un même poids P sur des plans inclinés d'angles croissants de même matière, soit par le moyen graphique (n° 115), soit par la formule trigonométrique (n° 116),

on aura les valeurs du tableau suivant, dans lequel nous avons supposé l'angle de frottement constant et égal à celui indiqué par Ridolfi (26° 34').

VALEUR de l'angle du plan incliné en degrés.	VALEUR du rapport de la traction au poids de la terre élevée.	VALEUR de l'angle du plan incliné en degrés.	VALEUR du rapport de la traction au poids de la terre élevée.
0°	0,5000	50°	4,1862
5	0,6143	53	5,4310
10	0,7417	55	6,7437
15	0,8892	57	8,8690
20	1,0562	60	16,6608
25	1,2601	61	23,5202
30	1,5146	62	39,7210
35	1,8469	63	131,6642
38	2,1030	63 10'	214,8600
40	2,3070	63 15'	312,5200
43	2,6840	63 20'	512,9600
45	3,0000	63 25'	3637,7000
48	3,6220	63 26'	Infini.

On voit que, pour des inclinaisons croissantes, la grandeur de la traction nécessaire augmente rapidement, et que, par exemple, lorsque l'angle du plan incliné est de 5°, la traction n'est que les 61 centièmes du poids de la terre à élever; que lorsque l'angle est de 25°, la traction est déjà égale à 1 fois et 26 centièmes le poids de la terre; et enfin à 63° 25' la traction est égale à 3637 fois le poids de la terre. Ainsi, pour élever, par une traction horizontale, 1 kilogramme de terre sur un plan incliné de 63° 25', il faudrait exercer une traction de 3637 kilogrammes. Il est clair qu'avant d'atteindre ce chiffre, la traction des animaux attelés à la charrue comprimerait et masserait la terre devant le versoir.

118. *Loi de l'accroissement de la traction.* — Le tableau précédent se résume d'un coup d'œil par l'examen de la courbe (fig. 83) représen-

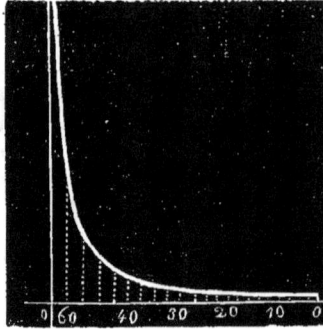

Fig. 83.

tant graphiquement la loi d'accroissement de la force de traction, pour des plans d'inclinaisons différentes et croissantes. Les distances égales horizontales représentent le nombre de degrés, à l'échelle de 1/2 millimètre pour un degré, des inclinaisons croissantes des plans inclinés ; les verticales représentent les tractions à l'échelle de 1 millimètre pour *une fois le poids* de terre considérée.

119. *Rapidité et limite de cet accroissement.* — Or, on voit que l'accroissement est excessivement rapide lorsque la somme des angles α et γ approche de la valeur de 90°, et l'on comprend même qu'à cette limite du plan incliné la traction doit être infiniment grande ; c'est-à-dire que lorsque l'angle α du plan incliné est égal au complément de l'angle γ de frottement ($\alpha + \gamma = 90°$), la force horizontale nécessaire pour élever un poids de terre, supposé même très petit, doit être *infinie.*

Ceci fait comprendre que l'inclinaison des divers éléments linéaires, des courbes du mouvement relatif d'un versoir, doit avoir une limite dépendant de l'angle de frottement des terres avec la matière employée pour

former le versoir : ainsi, en adoptant l'angle de frottement indiqué par Ridolfi, ou 26° 34', la traction horizontale devrait être infinie lorsque le plan sur lequel la
terre monte aurait une inclinaison de 90° — 26° 34', ou
de 63° 26'.

120. *Preuve trigonométrique et graphique de l'existence
d'une limite d'inclinaison pour un plan incliné, la traction
étant horizontale.* — L'observation du numéro précédent
est très facile à faire pour ceux de nos lecteurs qui possèdent des connaissances trigonométriques, car ils n'ont
qu'à se rappeler que la tangente d'un angle droit est
d'une grandeur *infinie;* mais, pour les personnes non
initiées aux principes de trigonométrie, nous devons, par
des constructions géométriques simples, démontrer ou
faire comprendre que l'inclinaison d'un plan incliné, sur
lequel une force horizontale pousse la terre, doit avoir
une limite.

En effet, sur divers plans inclinés (fig. 84, 85, 86

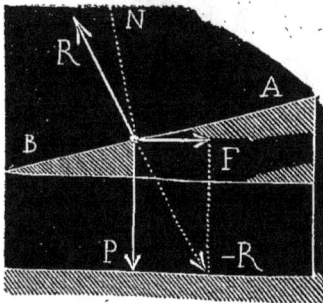 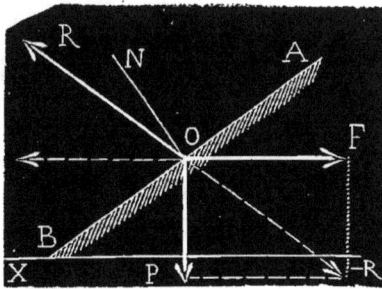

Fig. 84.   Fig. 85.

et 87) supposons le même poids P de terre : les forces F
(motrice), R (réaction du plan sur la terre), ont des

directions connues ; car, d'après le raisonnement et les
expériences sur le frottement indiquées dans la première

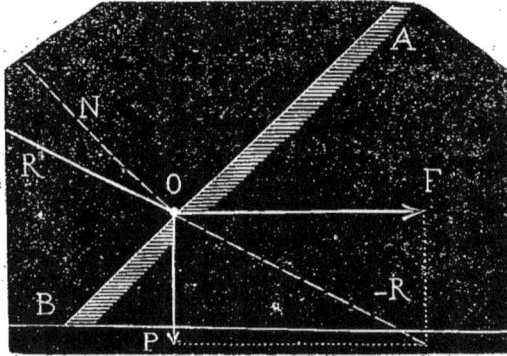

Fig. 86.

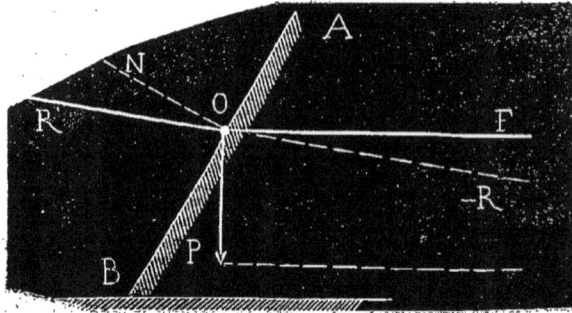

Fig. 87.

partie de ce traité, la réaction R doit toujours faire avec
la normale au plan un angle constant γ égal à l'angle de
frottement, — F doit être horizontale, et enfin le poids P
est vertical et d'une grandeur connue. Les trois forces
F, R, P devant être en équilibre dans les quatre cas des
figures 84-87, il faut qu'une quelconque (R, par exemple)
soit égale et directement opposée à la résultante des

deux autres (P et F). Adoptant une échelle pour les forces et prenant toujours la même grandeur pour représenter le poids de la terre dans les quatre figures 84-87, on trouvera l'intensité de la composante R en faisant un parallélogramme dont — R soit la diagonale, F et P les côtés, ce à quoi l'on arrive en prolongeant R indéfiniment du côté négatif; puis menant, par l'extrémité du poids, une horizontale P — R jusqu'à la rencontre de O — R; puis, par le point de rencontre — R, une verticale qui rencontre OF : alors la longueur OF représente, à l'échelle adoptée, la grandeur de la traction nécessaire pour élever le même poids de terre sur les quatre différents plans inclinés considérés.

On voit même que le triangle OPF, moitié du parallélogramme, a pour côtés les trois forces en équilibre : or, il est visible que dans le premier cas (fig. 84), plan incliné de quelques degrés seulement, la traction est moindre que le poids de terre à élever ; dans le deuxième cas (fig. 85), l'inclinaison étant un peu plus forte, la traction est plus forte que le poids même; dans le troisième cas (fig. 86), l'inclinaison du plan étant assez forte, la traction nécessaire est considérable, 7 à 8 fois le poids environ; enfin dans le quatrième cas (fig. 87), l'angle du plan incliné étant assez grand pour qu'ajouté à l'angle de frottement γ, il fasse un nombre de degrés moindre que 90°; mais approchant beaucoup de cette limite, on voit que R prolongé ne peut rencontrer l'horizontale qu'à une distance très grande du point O. A la limite, c'est-à-dire, comme il est facile de le remarquer, quand la réaction R, par suite d'une forte inclinaison du plan AB, sera horizontale, la force R étant parallèle à l'horizontale P — R, ne peut rencontrer cette dernière ligne qu'à l'infini : donc alors la traction jusqu'ici représentée par P — R est aussi *infinie*. Or, dans ce cas de limite (fig. 87), la réaction R est horizontale : alors on a ROB = OBY = α, angle du plan incliné ; ON étant la normale au plan AB, on a NOR = le complément de l'angle ROB ou de α ; et comme NOR est précisément, d'après la construction, l'angle de frottement ; il s'ensuit bien que, dans le cas où la force de traction horizontale doit être infinie, la somme $\alpha + \gamma =$ un droit, ou que l'inclinaison limite d'un plan incliné est $\alpha = 90° - \gamma$ dans ce cas.

121. CONSÉQUENCES PRATIQUES. — Des paragraphes précédents nous pouvons évidemment tirer les conséquences pratiques suivantes :

Quelle que soit la forme de la surface d'un versoir, aucune courbe tracée sur les cylindres concentriques, si la bande tourne autour d'une de ses arêtes, ou, d'une manière plus générale, aucune courbe de mouvement relatif ne peut avoir un de ses éléments incliné de l'angle complémentaire de celui du frottement qui a lieu entre la terre considérée et la matière composant le versoir ; car alors la force nécessaire pour faire monter la terre devrait être infinie.

Les inclinaisons des divers éléments de chacune des courbes du mouvement relatif doivent être toujours beaucoup au-dessous de cette limite ; car, d'après le tableau des valeurs relatives de la traction, pour des inclinaisons croissantes (n° 117) et d'après la courbe indiquant la loi d'accroissement, il est évident que la traction horizontale devient très rapidement considérable lorsqu'on s'approche un peu de la limite d'inclinaison.

122. *Nécessité de la connaissance de l'angle de frotte-ment.* — Ce que nous venons de dire fait voir, une pre-mière fois, l'importance ou même la nécessité de la détermination de l'angle de frottement des diverses terres sur les matières propres à confectionner les ver-soirs : la connaissance de cet angle permettra, en effet, au constructeur ou à l'inventeur d'éviter de faire aucune portion du versoir de l'inclinaison limite. Nous verrons plus loin que cette connaissance est nécessaire encore pour déterminer la *meilleure forme* à donner aux ver-soirs.

123. *Inconvénients de versoirs trop roides.* — Quant à l'effet d'une inclinaison trop rapide des courbes du mou-vement relatif de la terre sur le versoir, il consiste (outre l'augmentation de fatigue de l'attelage) dans l'arrêt des par-ties de terre engagées sur les éléments trop roides, d'où il résulte une réaction sur les par-ties antérieures, et par suite, comme l'indique la figure 88, une tendance à l'accumulation

Fig. 88.

de la terre sur le versoir à l'avant. Lorsqu'un versoir a ce défaut, on dit que la terre *mousse* ou que le versoir *bourre.*

124. *Similitude des courbes du mouvement relatif de la terre sur un versoir.* — Si l'on admet, ce que nous croyons avoir prouvé (n^{rs} 92 et 101) d'une manière irré-.

6.

futable, que le versoir d'une charrue ordinaire doit être une surface *réglée* dont les droites *génératrices* soient normales à une droite XY considérée comme axe de rotation et parallèle à la direction du mouvement de la charrue, dans le plan horizontal, il est clair qu'on peut en tirer la conséquence suivante.

Toutes les courbes du mouvement relatif de la terre, sur un bon versoir, sont semblables, c'est-à-dire parallèles ou partout également distantes.

En effet, soient AA, BB (fig. 89), deux courbes du

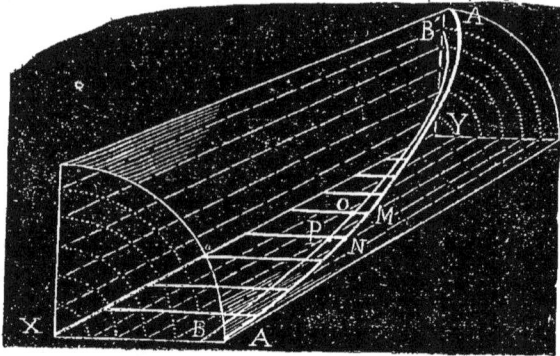

Fig. 89.

mouvement relatif ; elles sont situées sur des cylindres concentriques. Or, si l'on suppose les deux génératrices M, N infiniment rapprochées, les parties MN, PO seront des éléments linéaires ; en outre, MO et NP étant deux rayons des cylindres concentriques, MO = PN : les deux éléments linéaires ou droites infiniment petites MN et OP sont donc parallèles ; il en serait de même des éléments voisins et de tous ceux des courbes

AA et BB, donc ces deux courbes sont semblables.

125. *Du choix des courbes dans un versoir.* — Il nous
reste à rechercher quelles sont, parmi les divers genres
de courbes que l'on peut imaginer sur un cylindre, celles
qui effectuent le travail du retournement ou du renversement avec le moins de fatigue possible pour l'attelage ;
car les diverses conditions que nous avons précédemment
reconnues indispensables à l'établissement d'un bon versoir suffisent pour effectuer un renversement convenable
de la bande.

Dans l'examen des diverses courbes que l'on peut ima-
giner, nous commencerons, suivant notre habitude, par
celles qui paraissent les plus simples : telles sont les
courbes tracées sur un cylindre, en y enveloppant une
feuille de papier à bord droit placé obliquement à l'axe ;
ces courbes s'appellent *hélices*, et sur la surface développée du *cylindre* elles sont *droites.*

§ II. — Versoir hélicoïdal.

126. Le versoir formé d'après la condition du numéro
précédent est dit *hélicoïdal.* Il a été adopté dans sa forme
mathématique par Lambruschini, puis avec quelques
modifications théoriques et pratiques par M. Ridolfi, et
enfin un grand nombre de constructeurs se sont rapprochés de cette forme, soit volontairement, soit même sans
penser le faire. Avant de discuter la valeur de la surface
hélicoïdale comme forme de versoir, nous allons étudier
les différentes propriétés qu'elle présente. Les conséquences pratiques seront alors plus faciles à déterminer.

127. 1ʳᵉ *Génération.* — On peut considérer la surface hélicoïdale comme étant engendrée par une droite AB (fig. 90) s'appuyant constamment sur la droite ZZ', normalement, et ayant deux mouvements : l'un uniforme de translation suivant la direction ZZ', l'autre de rotation uniforme autour de la droite ZZ' considérée comme axe ; c'est-à-dire que si la génératrice AB marche, suivant ZZ', de 9 centimètres dans un dixième de seconde, et qu'elle tourne de 15° simultanément, dans le dixième de seconde suivant elle s'avancera encore de 9 centimètres en tournant encore de 15°, et ainsi de suite. Donc une surface hélicoïdale coupée par des plans normaux

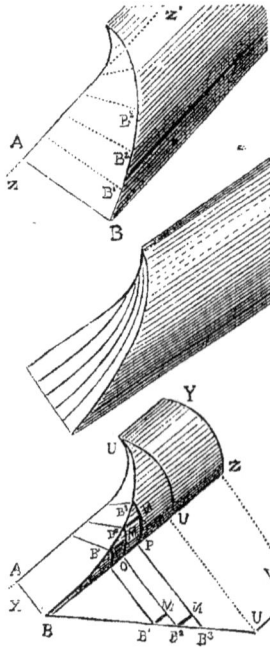

Fig. 90. Fig. 92. Fig. 93.

à l'axe ZZ' et également distants aurait pour sections des droites dont les projections sur un même plan feraient entre elles des angles égaux. Si l'on limite la grandeur de la génératrice AB, le point B décrira sur un cylindre ayant AB pour rayon et ZZ' pour axe, une courbe BB'B²B³…. appelée hélice, et qui, lorsque le cylindre serait développé, aurait la forme d'une droite.

Donc la figure 91 représenterait les projections verticale et horizontale d'une semblable surface : 0 0 première

génératrice en plan et en élévation ; 1 1, deuxième génératrice, etc.

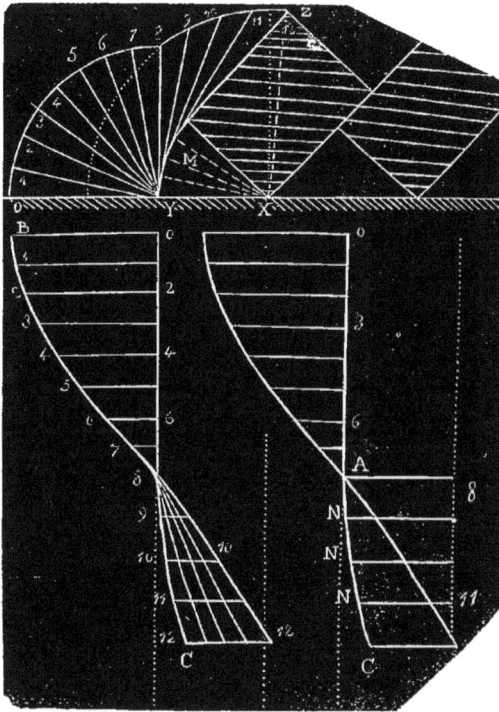

Fig. 91.

CONSÉQUENCE PRATIQUE. — *Si l'on emploie un versoir
hélicoïdal mathématique, il en résulte que la charrue marchant d'un mouvement uniforme, la tranche de terre détachée par le coutre et le soc, tourne autour d'une de ses
arêtes d'un mouvement uniforme aussi : c'est-à-dire que,
pour des avancements égaux de la charrue, la tranche
tourne de quantités égales sur toute sa longueur.*

128. 2ᵉ *Génération.* — La surface hélicoïdale peut aussi être considérée comme engendrée par une droite AB (fig. 92) s'appuyant, d'une part, normalement, sur l'axe ZZ' d'un cylindre, et, de l'autre, sur une hélice BB¹B² tracée sur la surface de ce cylindre. Il est facile, en effet, de prouver qu'une surface ainsi engendrée est absolument la même que la précédente. Ainsi, soient les trois génératrices B¹, B², B³, telles que B¹M = B²N, distances comptées sur les arêtes du cylindre. Lorsque le développement de la surface cylindrique sera effectué, comme la figure l'indique à droite sur le plan horizontal, les arcs de cercle B²MO, B³NP seront développés suivant des droites normales à BZ, les arêtes du cylindre suivant des parallèles à cette même droite, et enfin la courbe hélice BB¹B²..... suivant une ligne inclinée BU. Cela étant, il est facile de conclure que les arcs B²M, B³N sont égaux, si les génératrices B¹, B², B³ sont également distantes, c'est-à-dire si B¹M = B²N : or les arcs B²M, B³N mesurent l'angle que font les trois génératrices. Donc, en tous les points de la surface engendrée de la manière indiquée au commencement de ce numéro, les génératrices également distantes sont aussi également inclinées l'une sur l'autre, ce qui correspond à la première génération.

129. 3ᵉ *Génération.* — Enfin, on peut considérer la surface hélicoïdale comme engendrée ou plutôt composée d'une suite d'*hélices* tracées sur des cylindres concentriques, de rayons croissant depuis 0 jusqu'au rayon du cylindre limite (fig. 93). En effet, nous avons prouvé (n° 124) que la surface étant réglée et ayant ses droites

génératrices normales à l'axe du cylindre, toutes les courbes tracées sur les cylindres concentriques (trajectoires courbes du mouvement relatif) sont semblables. Donc, d'après la deuxième génération, la courbe extrême étant une hélice, toutes les autres sont aussi des hélices : elles ont le même pas, c'est-à-dire que, dans un tour complet, chacune arrive à la même longueur de cylindre.

CONSÉQUENCE PRATIQUE. — *Dans le mouvement relatif de la tranche sur un versoir hélicoïdal, chaque particule de terre monte sur un plan d'inclinaison constante sur toute la longueur du versoir, par rapport à la direction du mouvement rectiligne de la charrue.*

130. Pour étudier plus facilement le versoir hélicoïdal, nous le supposerons formé de deux parties distinctes : 1° la surface antérieure destinée à faire passer la tranche de la position horizontale à la position verticale ; 2° la surface postérieure, dont le but consiste à renverser la bande placée verticalement jusqu'à ce qu'elle vienne s'appuyer sur les bandes précédemment renversées, soit qu'on la conduise jusqu'à cette position de stabilité, soit qu'on la place seulement dans une position telle que son propre poids suffise pour la faire tomber sur la dernière tranche renversée.

131. Considérons d'abord la partie antérieure. Il est clair que la première génératrice est horizontale et la dernière verticale, ou que cette surface est le quart d'une spire entière de surface hélicoïdale ; donc, si l'on suppose autant de cylindres concentriques qu'il y a de points sur la première génératrice, on aura sur chacun de ces cylindres, pour courbe du mouvement relatif, une hélice,

d'après ce que nous avons dit des trois génératrices de
la surface hélicoïdale, et si l'on développe tous ces
cylindres sur le même plan, l'axe étant le même pour
tous, les diverses hélices du mouvement relatif se déve-
lopperont suivant des
lignes droites aA, bB,
cC,...., etc. (fig. 94),
comprises entre les deux
lignes az, AZ, perpendi-
culaires à l'axe aA, et qui
représentent le dévelop-
pement des bases extrê-
mes des cylindres sur lesquels étaient placées les
hélices : az représente la
largeur du labour, et AZ
le développement du

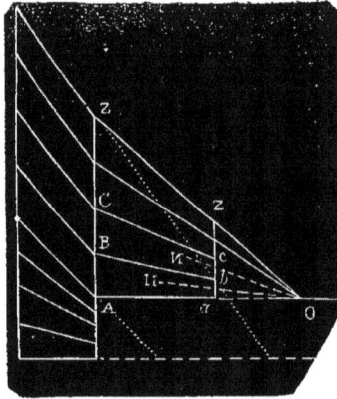

Fig. 94.

quart de cercle UUU (fig. 92), dont le rayon est égal à
la largeur de la tranche enlevée, plus d'une largeur de
labour. Si les points a, b, c, ..., sont à égales distances,
c'est-à-dire si les cylindres concentriques ont leurs surfaces également espacées, la ligne az, largeur du labour,
étant représentée par l, la ligne AZ, quart de circonférence du rayon l, plus une largeur de bande, sera égale
à $l + \frac{1}{4} \times 2\pi \times l$, ou $l + \frac{1}{2}\pi l$, ou $1 + \frac{3,1416}{2} \times l$, ou
$2,5708 \times l$; de même ab étant la dixième partie de l ou
de az, AB sera égale au dixième d'une largeur, plus au
quart d'une circonférence ayant 1/10e de l pour rayon,
ou à $0,25708 \times l$. Donc si les distances ab, bc, cd,...,

sont égales, les distances **AB**, **BC**, le seront aussi ; et comme du reste les droites *az*, **AZ**, sont parallèles, il s'ensuit que toutes les droites *a*A, *b*B, *c*C,..., prolongées, se rencontreraient en un point **O**.

Cette simple construction géométrique permet de conclure que :

Dans la largeur d'une tranche de terre posée sur le versoir, la force nécessaire pour élever chaque petite partie égale de bande va en croissant depuis l'axe, où l'inclinaison de l'hélice (trajectoire du mouvement relatif) *est nulle, jusqu'à l'hélice extrême, dont l'inclinaison est la plus grande.*

132. La résultante des résistances qu'oppose la terre au mouvement du versoir, n'est donc pas située au milieu de la largeur de la tranche à renverser, comme l'ont avancé quelques auteurs qui croyaient simplifier ainsi la théorie de la charrue.

133. Pour fixer les idées, nous supposerons que le versoir développé (fig. 94) a $0^m,54$ de longueur (aA $= 0^m,54$) ; que la largeur du labour est de $0^m,27$ ($az = 0^m,27$), la profondeur $0^m,20$; de sorte que le poids de terre placé sur le versoir serait de $0^m,27 \times 0,2 \times 0,54 \times 1400$ kil $= 42$. En outre, nous considérerons dix hélices moyennes, c'est-à-dire que la largeur de la tranche serait divisée en dix parties égales de $4^{kil},2$ chacune.

Les inclinaisons de chacun des plans inclinés moyens seraient égales aux nombres du tableau suivant, que l'on peut déterminer graphiquement ou par les formules trigonométriques. En effet (fig. 94), on a :

$$\text{AZ} : az :: \text{OA} : \text{O}a.$$

Or, nous savons que az est égal à la largeur du labour, $AZ = 2,5708$ de cette même largeur, que $OA - Oa$ ou Aa est égal à la longueur du versoir ; c'est-à-dire, en adoptant les chiffres précédents :

$$2,5708 \times 0,27 : 0,27 :: Oa + 0^m,54 : Oa,$$

ou en simplifiant :

$$2,5708 \times Oa = 1 (Oa \times 0,54),$$

ou en réduisant :

$$1,5708 \times Oa = 0^m,54, \quad \text{d'où } Oa = 0^m,343.$$

La connaissance du point O permet de faire très vite la fig. 94 à l'échelle, et par suite de déterminer les inclinaisons moyennes des dix portions de tranche. La valeur trigonométrique de la tangente de chacune de ces inclinaisons est égale, comme il est facile de le voir sur la figure, aux nombres de la deuxième colonne.

Indication de l'angle.	Valeur de la tangente trigonométrique.	Valeur de l'angle en degrés.	Rapport de la traction au poids de terre soulevée.	Poids de terre soulevée sur chaque hélice.	Traction motrice nécessaire sur chaque hélice.
	m m	° ′	° ′	kil.	kil.
AOM	0,0135 : 0,343	2 15	tg 28 49 = 0,550	4,200	2,311
AON	0,0405 : id.	6 43	tg 33 17 = 0,656	Id.	2,757
AOP	0,0675 : id.	11 07	tg 37 41 = 0,772	Id.	3,244
AOQ	0,0945 : id.	15 23	tg 41 57 = 0,899	Id.	3,775
AOR	0,1215 : id.	19 29	tg 46 03 = 1,037	Id.	4,357
AOS	0,1485 : id.	23 33	tg 50 07 = 1,197	Id.	5,026
AOT	0,1755 : id.	27 03	tg 53 37 = 1,357	Id.	5,700
AOU	0,2025 : id.	30 31	tg 57 05 = 1,545	Id.	6,488
AOV	0,2295 : id.	33 45	tg 60 19 = 1,754	Id.	7,368
AOX	0,2565 : Id.	36 45	tg 63 19 = 1,990	Id.	8,355
				Total. . .	49,381

134. Si l'on veut déterminer quelle doit être la longueur de la partie antérieure du versoir pour satisfaire à la condition du n° 120, qu'aucune des courbes du mouvement relatif ne fasse avec l'axe un angle égal à l'angle limite (90° — γ) pour la nature de terre à labourer, il suffit de considérer la dernière hélice développée de la figure 94, qui évidemment est la plus inclinée. Or, une simple construction graphique permet de s'assurer que cette inclinaison, pour la longueur donnée du versoir, ne dépassera pas 63° 26′, ou bien par la formule trigonométrique de la valeur de l'angle AOZ (fig. 94). En effet, on a

$$\text{tg AOZ} = \frac{AZ}{OA} \text{ ou } \frac{AZ - a\,\ddot{a}}{a\text{A}},$$

ou enfin
$$\text{tg AOZ} = \frac{1{,}5708 \times l}{L},$$

en appelant l la largeur du labour et L la longueur de la partie antérieure du versoir.

Or, si l'angle AOZ atteignait la limite dont nous avons parlé précédemment, on aurait

$$\text{tg AOZ} = 2.$$

Donc alors

$$\text{tg AOZ ou } 2 = 1{,}5708 \times \frac{l}{L};$$

d'où l'on tire, pour valeur du rapport, $\dfrac{l}{L} = \dfrac{2}{1{,}5708}$,

ou $L = \dfrac{1{,}5708}{2} \times l$, ou $L = 0{,}7854$ de l.

C'est-à-dire, en langage vulgaire :

Pour que la partie antérieure d'un versoir hélicoïdal ne soit trop fortement inclinée en aucun de ses points, il suffit que sa longueur soit égale aux 79 *centièmes environ de la largeur du labour en terres de moyenne compacité.*

135. Nous avons déjà fait remarquer, et le tableau du nᵒ 117 le prouve assez, qu'il faut se tenir beaucoup en dessous de cette limite, si l'on ne veut pas être obligé d'employer en pure perte une grande force pour le renversement de la tranche de terre. Il y aurait même avantage, d'après ce tableau, à diminuer l'angle autant que possible ; mais remarquons qu'alors la longueur du versoir augmente, pour une même largeur de bande, et que par suite le poids de terre placé sur chaque élément du versoir augmente aussi.

Ainsi, à égalité de hauteur (largeur de bande), en augmentant la base des plans inclinés (longueur du versoir), c'est-à-dire en diminuant l'angle, on *diminue* le rapport entre la force motrice et le poids à élever ; mais, en même temps, on *augmente* ce poids lui-même, puisque l'épaisseur de la tranche soulevée reste constante : et réciproquement, si l'on diminue la longueur du versoir, ce qui augmente l'angle des plans inclinés, on *diminue* le poids à élever, mais on *augmente* le rapport entre la force motrice et ce poids, d'où cette conséquence.

CONSÉQUENCE PRATIQUE. — *Pour retourner une même tranche de terre, si l'on emploie un versoir hélicoïdal* COURT, *on a* PEU *de terre à mouvoir, il est vrai ; mais la traction motrice nécessaire est une* GRANDE *fraction du poids. Si, au contraire, on fait usage d'un versoir* LONG,

le poids de terre à remuer est plus GRAND, *mais la trac-*
tion motrice nécessaire est une très faible fraction de ce
poids.

136. On comprend donc, tout d'abord, que puisqu'il
y a inconvénient à raccourcir le versoir, et qu'un
allongement exagéré est défavorable aussi, il doit y avoir
une certaine longueur, ou un certain rapport entre la
base et la hauteur du plan incliné (élément du versoir),
tel que la force motrice nécessaire pour retourner ou
plutôt redresser la terre est *la plus petite possible*. C'est
de la recherche de cette *meilleure* longueur de la partie
antérieure du versoir que nous devons donc actuellement nous occuper.

137. Seulement nous croyons devoir faire remarquer,
avant de déterminer mathématiquement cette meilleure
longueur, que le rapport de la traction au poids dépendant de l'angle de frottement (n°s 115 et 116), il est à
présumer que la longueur la plus convenable pour la
partie antérieure d'un versoir hélicoïdal dépendra aussi
de cet angle de frottement, et qu'ainsi on peut énoncer
ce principe ou cette conséquence.

CONSÉQUENCE PRATIQUE. — *La longueur la plus conve-*
nable à donner à la partie antérieure du versoir pour
renverser une même tranche de terre (avec le minimum
de force) doit dépendre de la nature des terres ; c'est-à-
dire que, suivant qu'une terre donnera plus ou moins de
frottement avec le fer, ou la fonte, ou le bois, la longueur
sera plus ou moins considérable par rapport à la largeur
du labour. Ainsi les terres argileuses, fortes, exigeront
une grande longueur, et les terres légères, meubles,

devront être labourées avec un versoir court, si l'on tient à rendre minima la traction exigée des animaux de trait.

138. Soient donc divers plans inclinés de même hauteur, mais de bases différentes et chargés de terre d'une même épaisseur, les poids supportés seront proportionnels aux bases mêmes, comme l'indique la figure 95; car la couche de terre est indéfinie. La portion dont est chargé le plan AY (fig. 96) a pour section HDMY, et les plans BY, CY supportent les surfaces HYNE, HYCF. Il est bien visible qu'en appelant P, P′, P″, les poids de prismes terreux ayant ces parallélo-

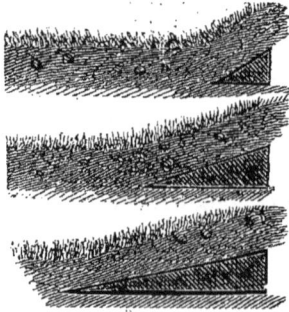

Fig. 95.

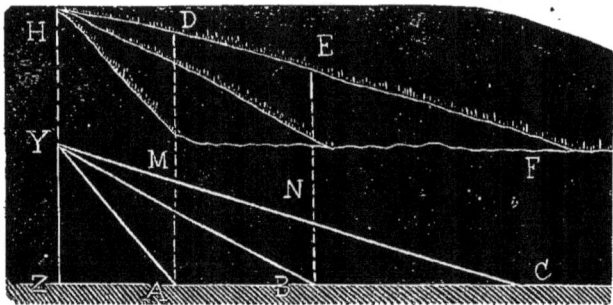

Fig. 96.

grammes pour bases et une commune hauteur, *h* la hauteur FC ou plutôt HY, *m* la largeur commune très petite de chaque plan incliné, et π le poids du mètre cube de terre, on aura :

$$(1) \quad P = ZA \times HY \times m \times \pi, \quad P' = ZB \times HY \times m \times \pi,$$
$$P'' = ZC \times HY \times m \times \pi;$$

et si l'on désigne par α, α', α'' les angles YAZ, YBZ, YCZ des trois plans inclinés, on aura :

$$(2) \quad \frac{ZA}{ZY} = \cot \alpha, \quad \frac{ZB}{ZY} = \cot \alpha', \quad \frac{ZC}{ZY} = \cot \alpha'' ;$$

et, par suite,

$$(3) \quad ZA = ZY \times \cot \alpha, \quad ZB = ZY \times \cot \alpha',$$
$$ZC = ZY \times \cot \alpha'',$$

et en remplaçant, dans les équations (1), ZA, ZB, ZC par leurs valeurs, on aura :

$$(4) \quad P = ZY \times \cot \alpha \times HY \times m \times \pi,$$
$$P' = ZY \times \cot \alpha' \times HY \times m \times \pi,$$
$$P'' = ZY \times \cot \alpha'' \times HY \times m \times \pi.$$

139. Actuellement, si nous reprenons l'équation de la valeur de la force motrice horizontale nécessaire pour élever sur un plan incliné un poids donné P, nous aurons, en appelant cette force F :

$$F = P \times tg (\alpha + \gamma) ;$$

α étant l'angle du plan incliné, et γ l'angle de frottement. Remplaçant, dans cette dernière équation, le poids P par sa valeur tirée des équations (4), on aura :

$$F = ZY \times HY \times m \times \pi \times \cot \alpha \times tg (\alpha + \gamma),$$

dans laquelle ZY représente les largeurs de labour,
HY la profondeur ou l'épaisseur de la bande retournée,
m une fraction très petite de la largeur, et π le poids
du mètre cube : ces quatre quantités sont constantes
lorsqu'on suppose que les versoirs de diverses longueurs
sont faits pour retourner la même bande dans le même
terrain. Je représenterai leur produit, facile à faire
pour chaque cas particulier, par C, pour simplifier, et
nous aurons alors :

$$F = C \times \cot \alpha \times \operatorname{tg}(\alpha + \gamma),$$
$$F' = C \times \cot \alpha' \times \operatorname{tg}(\alpha' + \gamma),$$
$$F'' = C \times \cot \alpha'' \times \operatorname{tg}(\alpha'' + \gamma),$$

équations qui font bien comprendre ce que nous avons
conclu, n° 135. En effet, lorsque l'angle α augmente,
la cotangente α diminue très rapidement; mais en même
temps $\operatorname{tg}(\alpha + \gamma)$ augmente. F sera donc le plus petit
possible, lorsque le produit $\cot \alpha \times \operatorname{tg}(\alpha + \gamma)$ sera minimum.

140. On comprendra facilement que ce produit
doit avoir un minimum, car si dans l'équation
$F = C' \times \cot \alpha \times \operatorname{tg}(\alpha + \gamma)$, on suppose que α croisse
depuis 0 jusqu'à sa limite (63° 26'), $\cot \alpha$ diminuera
depuis une valeur infinie jusqu'à la valeur de cot 63° 26
(0,500); en même temps le facteur $\operatorname{tg}(\alpha + \gamma)$ augmentera depuis $\operatorname{tg}(0 + \gamma)$, ou 0,500, si γ est supposé égal
à 26° 34', jusqu'à $\operatorname{tg}(63° 26' + 26° 34')$, ou jusqu'à l'infini. C'est-à-dire, en langage vulgaire, que si le plan a
une inclinaison nulle, la traction nécessaire serait *infinie*
(car le poids de terre à remuer serait infiniment grand);

mais qu'à mesure que l'angle α augmente, jusqu'à un certain point cependant, la force de traction nécessaire diminue; puis, lorsque l'inclinaison du plan dépasse cette limite, la force de traction commence à croître, et si rapidement, qu'elle atteindrait l'infini, lorsque l'angle α serait égal à sa limite (90° — 26° 34) 63° 26'. Entre ces deux limites extrêmes, il y a nécessairement un minimum, et nous allons faire voir qu'on peut déterminer l'angle du plan incliné donnant la traction minima, par un moyen graphique et par le calcul infinitésimal.

141. *Moyen graphique.* — Soient, par exemple, les données suivantes :

Largeur du labour, 0ᵐ,25 ; profondeur, 0ᵐ,17 ; angle de frottement, 26° 34'.

Longueurs de plans inclinés, éléments de versoir : 1 : 0ᵐ,75, 0ᵐ,65, 0ᵐ,55, 0ᵐ,45, 0ᵐ,35, 0ᵐ,25, 0ᵐ,15.

Les poids correspondants seront : 5ᵏ,964, 4ᵏ,73, 3ᵏ,877, 3ᵏ,280, 2ᵏ,684, 2ᵏ,087, 1ᵏ,491, 0ᵏ,895.

Les angles des plans inclinés :

$$\tan \frac{\pi\times0,25}{2\times0,75}\ \frac{\pi\times0,25}{2\times0,65}\ \frac{\pi\times0,25}{2\times0,55}\ \frac{\pi\times0,25}{2\times0,45}\ \frac{\pi\times0,25}{2\times0,35}\ \frac{\pi\times0,25}{2\times0,25}\ \frac{\pi\times0,25}{2\times0,15}$$

Degrés : 21°,20', 27°,38', 31°,8', 35°,32', 41°,7', 48°,17', 57°,31', 69°,5'.

Les tractions seront, en kilogrammes : 6,624, 6,202, 6,133, 6,195, 6,539, 7,708, 14,371, ∞.

Si l'on veut étudier graphiquement la loi de variation de la traction en regard des angles des plans inclinés, ou des longueurs des éléments de versoirs pour une même largeur de bande, on fera la ligne-loi, comme elle est

7.

indiquée figure 97. Sur la ligne horizontale, des distances
égales représentent les dizaines de degrés d'inclinaison,
et, en verticales, on porte les tractions correspondantes ;
et ces points, joints par une ligne continue, donnent la
courbe de variation. Or, il est facile de voir alors qu'il
y a un point bas où la tangente à la courbe est horizontale, c'est-à-dire que pour un certain angle ou une

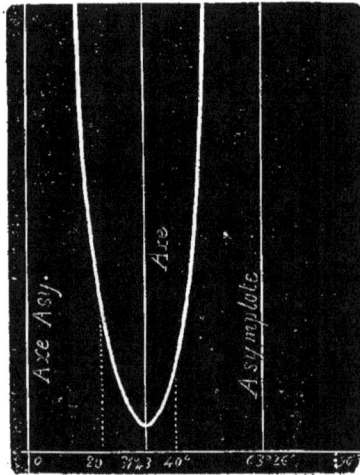

Fig. 97.

certaine longueur du plan incliné élément du versoir,
la traction est minima. Ici cette inclinaison serait de
31° ½ environ.

142. Cette détermination graphique laisse peut-être
pour les esprits mathématiques quelque chose à désirer ;
mais elle est suffisante pour faire comprendre au lecteur
n'ayant que les connaissances élémentaires, qu'il y a
réellement pour chaque nature de terre une longueur de

plan incliné, telle que ce dernier exige alors le minimum de force motrice, et en outre elle permet mieux de voir toutes les particularités de la loi de variation de la force motrice pour divers plans inclinés.

143. Lorsque $\alpha = 0$, on a cot $\alpha = \infty$; donc $F = \infty$, et, par suite, l'axe des ordonnées positives est une asymptote de la courbe. Lorsque $(\alpha + \gamma) = 90°$, c'est-à-dire quand $\alpha = 90° - \gamma$, on a tg $(\alpha + \gamma) = \infty$, et par suite encore $F = \infty$. Donc l'ordonnée extrême N correspond à l'abscisse $\alpha = 90° - \gamma$ et se trouve être aussi une asymptote de la courbe.

De plus, si, à partir de chaque asymptote, on prend deux ordonnées également distantes de ces asymptotes, elles seront égales, et par conséquent la courbe sera symétrique par rapport à un axe vertical situé à égale distance des deux asymptotes.

En effet, soit δ la distance OA $=$ NB, l'ordonnée

$$A = C \times \text{tg}\,(\delta + \gamma)\,\text{cot}\,\delta\,;$$

l'ordonnée $\qquad B = C \times \text{tg}\,(Og + \gamma)\,\text{cot}\,OB.$

Or, OB $=$ ON $- \delta = (90° - \gamma) - \delta = 90° - (\gamma + \delta)$.

Donc, en remplaçant dans B Og par sa valeur, on a :

$$B = C \times \text{tg}\,(90° - \gamma - \delta + \gamma) \times \text{cot}\,[\,90° - (\gamma + \delta)\,]$$

ou $\quad B = C \times \text{tg}\,(90° - \delta) \times \text{cot}\,[\,90°\,(\gamma + \delta)\,].$

Mais comme δ est le complément de $90° - \delta$ et $\gamma + \delta$ le complément de $90° - (\gamma + \delta)$, on a :

$$B = \pi h d l \times \text{cot}\,\delta \times \text{tg}\,(\gamma + \delta),$$

ce qui est absolument la même valeur que A ; seulement les facteurs sont intervertis et $\pi h dl = C$.

δ a été supposé quelconque, mais il est évident qu'il ne peut être plus grand que la moitié de la distance de ON, c'est-à-dire $\dfrac{90 - \gamma}{2}$, et que c'est pour cette valeur de α que l'ordonnée est minima.

144. Nous pouvons déterminer cette dernière valeur.

Il suffit de supposer pour α la valeur $\dfrac{90° - \gamma}{2}$, puisque la courbe est symétrique ; alors on a :

$$F_m = C \times \mathrm{tg}\left(\frac{90 - \gamma}{2} + \gamma\right) \cot\left(\frac{90 - \gamma}{2}\right),$$

ou $\quad F_m = C \times \mathrm{tg}\left(\dfrac{90 - \gamma + 2\gamma}{2}\right) \cot\left(\dfrac{90 - \gamma}{2}\right),$

$$F_m = C \times \mathrm{tg}\left(\frac{90 + \gamma}{2}\right) \cot\left(\frac{90 - \gamma}{2}\right) ;$$

mais remarquons que $\dfrac{90 + \gamma}{2} + \dfrac{90 - \gamma}{2}$ donne 90°, et que, par conséquent, l'angle $\dfrac{90 + \gamma}{2}$ est le complément de $\dfrac{90 - \gamma}{2}$; et, par suite, on a $F_m = C^2 \times \mathrm{tg}^2\left(\dfrac{90 + \gamma}{2}\right),$

ou $\quad F_m = C \times \cot\left(\dfrac{90 - \gamma}{2}\right) \times \cot\left(\dfrac{90 - \gamma}{2}\right)$

$$= C \times \cot^2\left(\frac{90 - \gamma}{2}\right).$$

Ainsi, pour la même épaisseur de terre, les valeurs minima de F varient comme les carrés des cotangentes de l'angle qui donne le minimum, c'est-à-dire $\dfrac{90° - \gamma}{2}$.

145. La courbe (fig. 98) représente la loi de ces variations pour des valeurs de γ comprises entre 18° et 50°, et l'on voit que, pour un accroissement de 18° à 36° de l'angle de frottement, la force F minima est doublée, et pour 9° d'accroissement, à partir de 36°, elle est triple de la première valeur ; enfin elle est quadruple pour un accroissement de 5° $\frac{1}{4}$ à partir de 45°. Il y a donc un grand avantage à choisir la matière formant le versoir, de telle manière que γ soit le plus petit possible ;

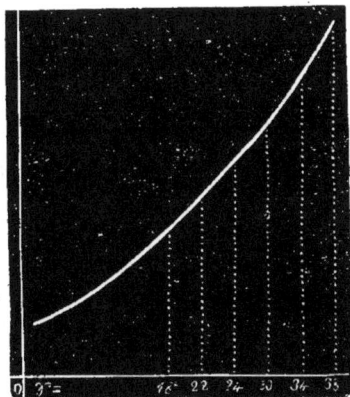

Fig. 98.

car on voit que l'accroissement de force est plus que proportionnel à l'accroissement en degrés de γ.

Cependant dans la limite de 18° à 36°, qui est, croyons-nous, celle de la pratique, la force minima croît à très peu près proportionnellement à l'angle γ.

146. La courbe figure 97 fait comprendre comment l'on trouve l'inclinaison α, qui donne le minimum de

valeur pour F, et celle figure 98 donne la loi des variations du minimum de F pour les différentes valeurs de γ : par conséquent, on pourra, quelle que soit la nature du plan incliné, déterminer la meilleure inclinaison à lui donner, et la valeur de la force F nécessaire sur ce plan incliné.

147. Pour ne pas laisser le plus petit doute, nous allons prouver, par le calcul infinitésimal, l'existence d'un minimum de force motrice, et déterminer la condition de longueur, ou l'inclinaison, qui donne ce minimum.

Pour déterminer algébriquement la valeur particulière de l'angle α, qui rend minimum ou maximum l'expression $F = C \times \cot \alpha \times \operatorname{tg}(\alpha + \gamma)$; c'est-à-dire pour déterminer la meilleure inclinaison à donner à un plan incliné ou à une seule hélice considérée comme élément d'un versoir, on sait qu'il faut chercher la dérivée de l'expression $C \times \cot \alpha \times \operatorname{tg}(\alpha + \gamma)$ et l'égaler à 0 : la valeur de α, déduite de l'équation obtenue ainsi, est celle que l'on cherche ; elle donne un minimum quand la dérivée du deuxième degré est négative, et au contraire un maximum quand cette dérivée est positive.

C étant constant (n° 139), il suffit de chercher la dérivée du produit $\cot \alpha \times \operatorname{tg}(\alpha + \gamma)$.

Posons, pour simplifier, la notation $\cot \alpha = U$ et $\operatorname{tg}(\alpha + \gamma) = V$, nous aurons

$$(A) \qquad d\mathrm{UV} = \mathrm{U} \times d\mathrm{V} + \mathrm{V} \times d\mathrm{U} ;$$

nous devons donc chercher la différentielle de V et celle de U pour arriver à celle du produit UV.

Nous pouvons prendre pour point de départ les différentielles fondamentales connues :

(1) $$d \sin \alpha = \cos \alpha d\alpha ;$$
(2) $$d \cos \alpha = - \sin \alpha d\alpha.$$

Or, $$U = \cot \alpha = \frac{\cos \alpha}{\sin \alpha} ;$$

donc

$$dU = d \cot \alpha = d \cos \alpha \times \frac{1}{\sin \alpha}$$

$$= \cos \alpha \, d \frac{1}{\sin \alpha} + \frac{1}{\sin \alpha} d \cos \alpha.$$

Et comme on a, (1) et (2) :

$$d \cos \alpha = - \sin \alpha \times d\alpha \text{ et } d \sin \alpha = \cos \alpha d\alpha,$$

on en conclut

$$d \cot \alpha = \cos \alpha \times \frac{- \cos \alpha \, d\alpha}{\sin^2 \alpha} + \frac{1}{\sin \alpha} \times (- \sin \alpha) d\alpha,$$

ou , en effectuant ,

$$\frac{d \cot \alpha}{d\alpha} = \frac{- \cos^2 \alpha}{\sin^2 \alpha} + \frac{- \sin \alpha}{\sin \alpha} = \frac{- \cos^2 \alpha}{\sin^2 \alpha} - 1 ;$$

d'où , en réduisant au même dénominateur :

$$\frac{d \cot \alpha}{d\alpha} = \frac{- \cos^2 \alpha - \sin^2 \alpha}{\sin^2 \alpha} = \frac{-(\cos^2 \alpha + \sin^2 \alpha)}{\sin^2 \alpha}$$

$$= \frac{-1}{\sin^2 \alpha}, \text{ car } \cos^2 \alpha + \sin^2 \alpha = 1.$$

Donc , enfin :

$$\frac{dU}{d\alpha} = \frac{-1}{\sin^2 \alpha}.$$

$$V = \operatorname{tg} (\alpha + \gamma) = \frac{\sin (\alpha + \gamma)}{\cos (\alpha + \gamma)},$$

$$dV = d \, \mathrm{tg}\,(\alpha + \gamma) = d \sin(\alpha + \gamma) \times \frac{1}{\cos(\alpha + \gamma)},$$

$$dV = \sin(\alpha + \gamma) \times d \, \frac{1}{\cos(\alpha + \gamma)} + \frac{1}{\cos(\alpha + \gamma)} \, d \sin(\alpha + \gamma);$$

et, d'après (1) et (2) :

$$dV = \sin(\alpha + \gamma) \times \frac{-\sin(\alpha + \gamma) \times -d\alpha}{\cos^2(\alpha + \gamma)}$$
$$+ \frac{1}{\cos(\alpha + \gamma)} \times \cos(\alpha + \gamma)\,d\alpha,$$

$$dV = \frac{\sin(\alpha + \gamma) \times + \sin(\alpha + \gamma)}{\cos^2(\alpha + \gamma)} + \frac{\cos(\alpha + \gamma)}{\cos(\alpha + \gamma)},$$

$$dV = \frac{\sin^2(\alpha + \gamma)}{\cos^2(\alpha + \gamma)} + 1 = \frac{\sin^2(\alpha + \gamma) + \cos^2(\alpha + \gamma)}{\cos^2(\alpha + \gamma)};$$

et, par suite :

$$dV = \frac{1}{\cos^2(\alpha + \gamma)}, \quad \text{car } \sin^2(\alpha + \gamma) + \cos^2(\alpha + \gamma) = 1.$$

Donc
$$\frac{dV}{d\alpha} = \frac{1}{\cos^2(\alpha + \gamma)}.$$

Connaissant dU, dV, nous pouvons dans (A) remplacer U, V, dU, dV par leurs valeurs, et nous aurons ainsi la dérivée de l'expression $\cot \alpha \times \mathrm{tg}\,(\alpha + \gamma)$:

$$d\,[\cot \alpha \times \mathrm{tg}\,(\alpha + \gamma)] = dUV = \cot \alpha \times \frac{1}{\cos^2(\alpha \times \gamma)}$$
$$+ \mathrm{tg}\,(\alpha + \gamma) \times \frac{-1}{\sin^2 \alpha},$$

$$\text{ou} = \frac{\cot \alpha}{\cos^2(\alpha + \gamma)} - \frac{\mathrm{tg}\,(\alpha + \gamma)}{\sin^2 \alpha}.$$

Égalant cette dernière expression à 0, la valeur de α

qui s'en déduira sera celle qui rendra l'expression de F minima ou maxima. Nous avons alors :

(A')
$$\frac{\cot \alpha}{\cos^2 (\alpha + \gamma)} - \frac{\operatorname{tg} (\alpha + \gamma)}{\sin^2 \alpha} = 0.$$

Remplaçant $\cot \alpha$ par $\dfrac{\cos \alpha}{\sin \alpha}$, et $\operatorname{tg} (\alpha + \gamma)$ par $\dfrac{\sin (\alpha + \gamma)}{\cos (\alpha + \gamma)}$, leurs valeurs, on a :

$$- \frac{\cos \alpha}{\sin \alpha \times \cos^2 (\alpha + \gamma)} - \frac{\sin (\alpha + \gamma)}{\cos (\alpha + \gamma) \sin^2 \alpha} = 0.$$

Réduisant au même dénominateur en multipliant les deux termes de la première fraction par $\sin \alpha$, et les deux termes de la seconde fraction par $\cos (\alpha + \gamma)$, on aura :

(B)
$$\frac{\sin \alpha \cos \alpha}{\sin^2 \alpha \times \cos^2 (\alpha + \gamma)} - \frac{\sin (\alpha + \gamma) \cos (\alpha + \gamma)}{\sin^2 \alpha \times \cos^2 (\alpha + \gamma)} = 0.$$

Le second membre étant 0, on peut supprimer le dénominateur commun, et l'on a :

(B')
$$\sin \alpha \cos \alpha - \sin (\alpha + \gamma) \cos (\alpha + \gamma) = 0.$$

Telle est la condition que doit remplir α pour que la valeur de F soit la plus petite ou la plus grande possible.

148. Pour déterminer si cette valeur donne un maximum ou un minimum, il faut chercher la dérivée du premier membre (B') : si cette dérivée est positive, la valeur est maxima ; si, au contraire, elle est négative, la valeur est minima, comme nous l'avons dit précédemment. Mais nous pouvons éviter de calculer cette dérivée, car la valeur de F a deux maxima, puisque le produit .

$\cot \alpha \times \operatorname{tg}(\alpha + \gamma)$ devient infini quand $\alpha = 0°$, car alors $\cos \alpha = \infty$, et, quand $\alpha + \gamma = 90°$, on a $\alpha = 90° - \gamma$, et alors $\operatorname{tg}(\alpha + \gamma) = \infty$: il est donc certain que la valeur de α correspondant à la condition $\sin \alpha \cos \alpha = \sin(\alpha + \gamma) \cos(\alpha + \gamma)$, donne un minimum pour la valeur de F.

149. Si nous discutons la condition $\sin \alpha \cdot \cos \alpha = \sin(\alpha + \gamma) \cos(\alpha + \gamma)$, nous pouvons remarquer que le premier membre est la moitié de la valeur du $\sin 2\alpha$, et le second membre la moitié de la valeur du $\sin 2(\alpha + \gamma)$; donc on a :

$$\tfrac{1}{2} \sin 2\alpha = \tfrac{1}{2} \sin 2(\alpha + \gamma), \text{ ou } \sin 2\alpha = \sin 2(\alpha + \gamma).$$

Or, les sinus des angles 2α et $2(\alpha + \gamma)$ étant égaux, ces angles doivent être égaux ou supplémentaires, comme il est évident que 2α ne peut pas être égal à $2(\alpha + \gamma)$, puisque γ n'est jamais nul en mécanique matérielle; c'est-à-dire, lorsqu'on tient compte du frottement, la condition $\sin 2\alpha = \sin 2(\alpha + \gamma)$ ne peut être satisfaite que lorsque 2α est le supplément de $2(\alpha + \gamma)$; c'est-à-dire quand on a :

$$2\alpha = 180° - 2(\alpha + \gamma),$$
$$\text{ou } 2\alpha = 180° - 2\alpha - 2\gamma,$$

ou, en divisant par 2 :

$$\alpha = 90° - \alpha - \gamma,$$
$$\text{ou } 2\alpha = 90° - \gamma,$$

et enfin
$$\alpha = \frac{90° - \gamma}{2}.$$

150. Cette inclinaison serait celle qu'il faudrait donner à un seul plan incliné pour que la force nécessaire à l'ascension d'une même épaisseur de terre, à une même hauteur, soit la plus petite possible ; mais, dans un versoir, les divers plans inclinés ont forcément des angles différents ; par suite, il ne peut y en avoir qu'un qui satisfasse à la condition du numéro précédent. Les plans moins inclinés que celui-là exigent plus que le minimum de force, et les plans plus inclinés en exigent plus aussi ; mais ces accroissements n'étant pas proportionnels à l'écartement des plans, on ne peut pas dire à priori quelle sera la position la plus convenable de cette hélice inclinée de l'angle qui donne le minimum de force.

Sur chaque plan incliné, la force sera différente, et la somme de ces forces sera celle nécessaire au passage du versoir.

151. On comprend que la section de la bande restant la même, si l'on raccourcit le versoir, toutes ces forces augmentent comparativement au poids qui, au contraire, diminue, et réciproquement, comme dans le cas d'un seul plan incliné ; c'est-à-dire qu'il y aura une longueur de versoir (partie antérieure) telle, que la somme des forces nécessaires pour élever la masse de terre qui s'y trouve placée sera la plus petite possible : nous allons déterminer cette longueur.

152. Si nous considérons plusieurs versoirs de longueurs différentes, la quantité totale de terre supportée par chacun d'eux sera proportionnelle à la longueur, si l'on suppose, comme nous l'avons déjà fait pour les plans

inclinés simples, que la section de la tranche de terre reste la même. En effet, soient (fig. 99) deux versoirs

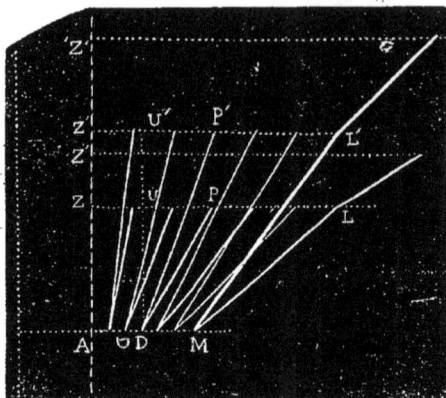

Fig. 99.

hélicoïdaux, de longueurs (parties antérieures) $AZ = l$ et $AZ' = l'$, développés comme nous l'avons indiqué n° 131 : sur chacun des plans inclinés ou hélices qui composent ces versoirs, se trouve la même épaisseur de terre, puisque la profondeur du labour est la même dans les deux cas. La génératrice AM représentant la largeur de labour, LZ et L'Z' sont égales, car LZ = $2,5 \times \pi \times$ AM et L'Z = $2,5 \times \pi \times$ AM. Sur la droite AM, nous supposerons le même nombre de divisions que sur LZ et L'Z'; c'est-à-dire que nous supposerons les deux versoirs décomposés en un même nombre d'hélices ou plans inclinés. Or, si l'on considère deux de ces plans inclinés, correspondants, DP, DP', il est évident que leur hauteur est la même, car PZ = P'Z', et, par suite, PZ — UZ = P'Z' — U'Z', ou enfin PU = P'U'.

Les quantités de terre couvrant DP et D'P' sont donc proportionnelles aux bases AZ, A'Z', et il en serait de même évidemment pour deux autres plans correspondants quelconques. Donc, en appelant p_0, p_1, p_2,..., les poids placés sur les plans inclinés qui composent le premier versoir, et p_0', p_1', p_2',..., les poids analogues pour le second versoir, au aura :

$$p_0 : p_0' :: L : L'; \quad p_1 : p_1' :: L : L';$$
$$p_2 : p_2' :: L : L'...$$

ou $p_0 : p_0' :: p_1 : p_1' :: p_2 : p_2' :: ...,$

ou en composant :

$$p_0 + p_1 + p_2 + ... : p_0 :: p_0' + p_1' + p_1' + ... : p_0';$$

ou, d'après la première proportion :

$$p_0 + p_1 + p_2 + ... : L :: p_0' + p_1' + p_2' + ... : L',$$
ou enfin $\qquad P \cdot L :: P' : L',$

en appelant P et P' les poids totaux de terre sur chaque versoir, et L, L', leurs longueurs.

Si l'on construit le développement des hélices de la surface postérieure de chacun des deux versoirs, le même raisonnement conduirait à la même conséquence ; car, pour renverser d'un certain angle la même tranche rectangulaire avec deux versoirs d'inégales longueurs, la hauteur des plans inclinés dont ils sont composés serait évidemment représentée par le même chemin circulaire (arc de l'angle de renversement), et, par suite, deux plans inclinés correspondants seraient chargés de poids de terre proportionnels aux longueurs des parties postérieures ou aux cotangentes de leurs angles d'inclinaison.

Nous pouvons donc dire que les poids de terre couvrant les surfaces antérieures et postérieures des deux versoirs différents sont proportionnels aux longueurs de ces surfaces, ou même aux longueurs des parties antérieures seulement, car il est évident que les parties postérieures doivent être de longueurs proportionnées à celles des parties antérieures, si les deux versoirs ont la même génération.

153. Nous avons supposé jusqu'ici que la terre placée sur les hélices des versoirs pressait de tout son poids sur la surface de ces derniers, mais il est facile de voir qu'il n'en est pas ainsi. En effet, pour la droite génératrice située au commencement du versoir, le poids supporté est bien celui du rectangle matériel (fig. 100) (petit parallélipipède, élément de tranche); mais, pour une génératrice suivante, il est visible (fig. 101) qu'une portion du poids du rectangle ne presse plus sur le versoir et même équilibre ou annule une portion correspondante : ainsi le triangle ADM, placé à droite de la verticale passant par le point de rotation, équilibre le triangle ANM, placé à gauche; le poids supporté par cette génératrice du versoir n'est donc plus que celui du rectangle BCNM. Pour une génératrice plus éloignée du soc (fig. 102) le triangle ADM serait encore plus grand, et, par conséquent, les poids de terre supportés par les génératrices droites seront de plus en plus faibles, à partir du soc, jusqu'à une position telle que la verticale du point de rotation et la diagonale du rectangle se con-

fondent (fig. 103); alors les parties de terre de droite et
de gauche s'équilibrent. Au delà (fig. 104), la portion du

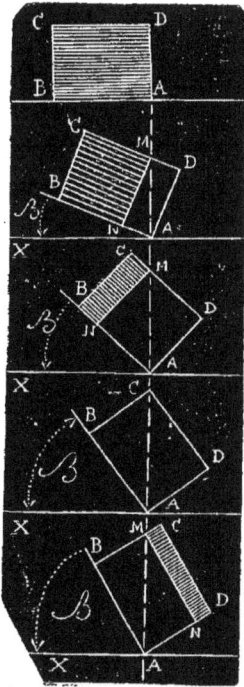

Fig. 100, 101, 102, 103, 104.

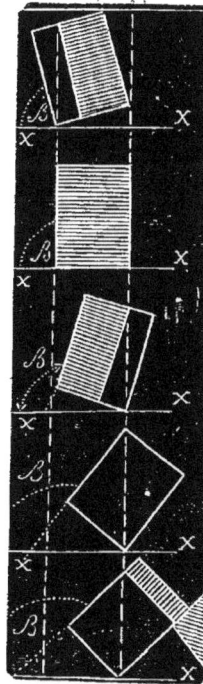

Fig. 105, 106, 107, 108, 109.

rectangle matériel qui tend à se séparer du versoir est
plus considérable que celle qui le presse; c'est-à-dire
que les poids supportés par les génératrices sont négatifs et de plus en plus grands (fig. 105), jusqu'à la fin
de la partie antérieure du versoir, où ce poids négatif
est précisément égal à celui du rectangle matériel, élément de tranche (fig. 106).

Au commencement de la partie postérieure du versoir,

le poids à soulever est égal à celui du rectangle matériel entier ; car le travail employé pour pousser la
tranche appuyée sur l'arête D nous semble devoir être le
même que pour soulever le rectangle entier par le petit
côté ; au delà le poids à soulever diminue rapidement,
car le triangle (fig. 107) placé à droite de la verticale,
passant par l'axe de rotation D, équilibre un triangle
égal DMN, placé à gauche du même axe et d'une manière
symétrique. Enfin, le poids devient nul lorsque la diagonale du rectangle redevient verticale (fig. 108). Au delà
lés rectangles matériels, éléments de la tranche de terre,
tendent à tomber par leur propre poids, et, par suite, leur
pression sur la surface du versoir est négative à partir
de ce point (fig. 109) jusqu'à l'extrémité du versoir.

Mais quelle que soit la longueur du versoir, les différentes positions de la génératrice droite se représentant
toujours, la décroissance du poids suit absolument la
même loi, et, par suite, les poids restent toujours proportionnels aux longueurs du versoir.

154. Pour faire disparaître les doutes qui pourraient
rester après cette explication succincte, nous allons déterminer graphiquement et analytiquement les poids totaux
de terre couvrant plusieurs versoirs de longueurs déterminées.

Soit AB (fig. 100) la première génératrice du versoir :
elle est horizontale, et, par suite, le poids qu'elle supporte est celui du rectangle matériel complet ABCD, ou
plutôt celui d'un parallélipipède ayant le rectangle géométrique ABCD pour base, et dL, épaisseur infiniment
petite, pour hauteur. Appelant l la largeur du labour,

h la profondeur, π le poids du mètre cube de la terre considérée, on aura pour la formule du poids de ce rectangle matériel : $\pi \times l \times h \times d\mathrm{L}$.

Soit (fig. 101) une génératrice inclinée d'un angle β assez petit pour que la diagonale du rectangle (élément de tranche) n'ait pas encore atteint la verticale, le poids supporté par AB est égal au poids du rectangle entier diminué de celui du petit rectangle ADMN, car le triangle ADM fait équilibre, par son poids, au triangle égal ANM ; c'est-à-dire que la pression supportée par la génératrice AB n'est plus égale qu'au poids du rectangle BCMN, ou

$$(1) \qquad \pi \times h \times d\mathrm{L} \times (l - \mathrm{MD}).$$

Or $\dfrac{\mathrm{MD}}{\mathrm{DA}} = \mathrm{tg\,DAM}$. En outre, les angles MAD et BAX sont égaux, comme ayant leurs côtés perpendiculaires, donc $\dfrac{\mathrm{MD}}{\mathrm{AD}} = \mathrm{tg}\,\beta$; et comme $\mathrm{AD} = h$ profondeur du labour, il en résulte que $\dfrac{\mathrm{MD}}{h} = \mathrm{tg}\,\beta$, d'où, en multipliant les deux membres par h, on tire $\mathrm{MD} = h \times \mathrm{tg}\,\beta$. Mettant cette valeur de MD dans l'équation (1), on a pour l'expression du poids supporté par AB dans la position de la figure 101 et 102 :

$$(1') \qquad \pi \times h \times d\mathrm{L} \times (l - h \times \mathrm{tg}\,\beta).$$

A mesure que l'angle β de la génératrice augmente, le produit $h \times \mathrm{tg}\,\beta$ augmente aussi, et, par suite, les poids supportés par les génératrices, de plus en plus inclinées, diminuent constamment, et, enfin, quand $h \times \mathrm{tg}\,\beta$ devient égal à l (fig. 103), le facteur $l - h\,\mathrm{tg}\,\beta$ est égal à 0, et par suite le poids supporté est nul. Cette particularité a lieu, disons-nous, pour $l = h \times \mathrm{tg}\,\beta$; c'est-à-dire pour $\mathrm{tg}\,\beta = \dfrac{l}{h}$. Cet angle est celui fait par la diagonale du rectangle avec son petit côté, car, comme l'indique bien la figure 103, l'angle CAD a pour tangente $l : h$ comme l'angle β de la génératrice ne supportant aucun poids. Or, dans le triangle rectangle CAB, l'angle CAB est le complément de l'angle BCA = CAD = β, donc CA est perpendiculaire sur AX, puisque CAB + BAX valent ensemble un angle droit.

Une génératrice inclinée, d'un angle plus grand que le précédent, supporte un poids négatif, car alors la partie BMA, seule, presse sur le versoir et se trouve équilibrée par le poids négatif du triangle MAN; il reste donc le poids du rectangle MNCD pris négativement, puisque la terre ainsi placée tend à quitter le versoir en entraînant la terre contiguë placée en avant. L'expression algébrique de ce poids négatif est

$$(2) \qquad \pi \times l \times dL \times (h - BM).$$

Mais on a $\dfrac{BM}{BA} = \mathrm{tg}\,BAM$, ou, puisque BAM est le complément de l'angle BAX ou de β, $\dfrac{BM}{BA}$ ou $\dfrac{BM}{h}$ $= \cot\beta$; d'où enfin $BM = \cot\beta$; et, en remplaçant dans l'équation (2) BM par cette valeur, on a pour expression du poids négatif:

$$\pi \times l \times dL \times (h - l \times \cot\beta).$$

A mesure que β augmente (fig. 105), cot β diminue, et, par suite, la différence $h - h \times \cot \beta$ augmente, ainsi que le poids négatif, jusqu'à ce que β, étant droit, on a $\cot \beta = 0$, et par conséquent un poids négatif limite égal à $\pi \times l \times d\mathrm{L} \times h$, c'est-à-dire égal au poids du rectangle tout entier. Cette valeur correspond à la dernière génératrice (verticale) de ce qu'on appelle la partie antérieure du versoir (fig. 106).

Au delà, la bande repose sur une autre arête D : le poids est positif et d'abord égal à celui du rectangle entier (fig. 106), puis il diminue ; car la portion CDM (fig. 107) équilibre son égale MND, et BAMN tend seul à presser contre le versoir ; ce poids positif est égal à

(3) $\qquad \pi \times l \times d\mathrm{L} \times (h - \mathrm{CM})$.

Or $\dfrac{\mathrm{CM}}{\mathrm{CD}} = \mathrm{tg\,CDM} = \mathrm{tg\,YUB}$; l'angle $\mathrm{BUD} = 180° - \beta$ et BUY est son complément ; donc $\mathrm{BUY} = 90° - (180° - \beta)$, ou $\mathrm{BUY} = 90° - 90° - 90° + \beta = 90° + \beta$, et, par suite, $\dfrac{\mathrm{CM}}{\mathrm{CD}}$ ou $\dfrac{\mathrm{CM}}{l} = \mathrm{tg}\,(\beta - 90°)$, ou $\cot 90° - (\beta - 90°)$, ou enfin $\cot (180° - \beta)$, ou $- \cot \beta$ ou cot AUD, et conséquemment l'équation (3), exprimant le poids positif, devient, en remplaçant CM par sa valeur :

$$l \times \cot \mathrm{BUD},$$

ou $l \times \cot (180° - \beta)\ \pi \times l \times d\mathrm{L} \times (h - l \times \cot (180° - \beta)$.

L'angle β croissant toujours, il arrivera un instant où le produit $l \times \cot (180° - \beta)$ sera égal à h, et conséquemment le poids négatif sera nul (fig. 108), alors on aùra $\cot(180° - \beta) = \dfrac{h}{l}$; c'est-à-dire que la diagonale du rectangle sera une seconde fois verticale, car alors DBC a pour cotangente $\dfrac{h}{l}$ ou $\dfrac{BC}{CD}$, et par suite DBC $= 180° - \beta$: or BUX ou son égal CDX est égal aussi à $180° - \beta$; il faut donc que ces deux angles DBC et CDX aient leurs côtés perpendiculaires l'un sur l'autre, et, par suite, BD perpendiculaire sur DX ; car BC est forcément déjà perpendiculaire à DC.

Enfin, le versoir se prolongeant un peu au delà, le poids devient négatif et son expression (fig. 109) est :

(4) $\qquad \pi \times h \times dL \times (l - AM)$.

Or $\dfrac{AM}{AD}$ ou $\dfrac{AM}{h}$ = tgADM ou tg $(180° - \beta)$, donc AM = $h \times$ tg $(180° - \beta)$; remplaçant, dans l'équation (4), AM par sa valeur, l'expression du poids négatif devient :

(4') $\qquad \pi \times h \times dL \times (l - h \times$ tg $(180° - \beta)$.

155. Si nous résumons ce que nous venons de détailler, il est visible que, en ce qui a rapport à l'intensité de la pression de la terre sur chaque génératrice droite de la surface du versoir hélicoïdal, on peut distinguer deux phases pour la partie antérieure du versoir et deux pour la surface postérieure. Dans la première phase, le poids est positif ; la terre presse réellement, et cette pression diminue depuis la valeur réelle du poids du rectangle matériel jusqu'à 0, pendant que la génératrice augmente d'inclinaison, depuis la position horizontale jusqu'à ce

que son angle soit tel, qu'il ait pour tangente $\frac{l}{h}$.

L'expression du poids positif dans toute cette phase est :

(1') $+ \pi \times d\mathrm{L} \times h \times (l - h \times \mathrm{tg}\beta).$

Dans la deuxième phase, l'angle β croît depuis la valeur en degrés correspondante à $\mathrm{tg}\,\beta = l : h$ jusqu'à 90°, et le poids supporté par les génératrices est négatif et de plus en plus grand, depuis 0 jusqu'au poids du rectangle matériel total. Cette augmentation a lieu suivant l'équation :

(2') $- \pi \times d\mathrm{L} \times l \times (h - l \times \mathrm{cot}\beta).$

Dans la troisième phase (commencement de la partie postérieure du versoir), le poids redevient positif et diminue depuis la valeur de celui du rectangle matériel entier jusqu'à 0, tandis que l'angle β augmente depuis 90° jusqu'à une valeur, en degrés, telle que $\mathrm{tg}\,(180° - \beta) = \frac{l}{h}$ ou $\mathrm{cot}\,(180° - \beta) = \frac{h}{l}$, et cette diminution a lieu suivant la formule :

(3') $+ \pi \times d\mathrm{L} \times l \times (h - l \times \mathrm{cot}\,(180° - \beta).$

La fin de cette troisième phase a lieu quand $\mathrm{cot}\,(180° - \beta) = \frac{h}{l}$.

Enfin, dans la quatrième phase, ou fin du versoir, la pression redevient négative, et va en croissant depuis une valeur nulle jusqu'à une valeur indéterminée, dépen-

8.

dant de l'habitude de construction. Cet accroissement se fait suivant la formule :

$$(4') \qquad -\pi \times dL \times h \times (l - h \times \mathrm{tg}(180° - \beta).$$

La fin de cette phase a toujours lieu avant que l'angle β ait atteint une grandeur telle qu'on ait $\sin(180° - \beta) = \frac{h}{l}$, car alors la bande de terre est couchée sur la tranche précédemment renversée, et un surcroît de longueur dans cette partie du versoir entraînerait la compression de la bande renversée : cette compression est inutile et même nuisible, puisqu'elle augmente la traction. En intégrant chacune des fonctions (1) à (4), on aurait la valeur exacte de chacun des poids positifs et négatifs, et leur somme algébrique indiquerait la pression totale supportée par le versoir.

156. Actuellement, pour fixer les idées, nous déterminerons numériquement les poids supportés par plusieurs versoirs de longueurs différentes devant renverser une tranche des mêmes dimensions.

Données numériques.

Largeur du labour, 0^m,24 ;
Profondeur du labour, 0,18 ;
Longueurs des versoirs en fraction de la largeur, 0,8, 1, 1,20, 1,4, 1,6, 1,8, 2, 2,4, 2,6 et 2,8 ;
Longueurs des versoirs en centimètres (partie antérieure), 0,192, 0,240, 0,288, 0,336, 0,384, 0,432, 0,480, 0,528, 0,576, 0,624, 0,672.

1er *Versoir*. Longueur de la partie antérieure, 0m,192.

La 1re phase finit quand $tg\beta = \dfrac{0,24}{0,18}$; soit alors 53° 08′.

La 2e phase finit quand $\beta = 90°$; *id*. 90°.

La 3e phase finit quand $\cot(180° - \beta) = \dfrac{0,18}{0,24}$; soit alors 126° 32′.

La 4e phase finit quand $\sin(180° - \beta) = \dfrac{0,18}{0,24}$; soit alors 131° 25.

La partie antérieure du versoir ayant 0m,192 de long pour 90°, une longueur de 0,192 ou 0m,002133 correspond à un degré de rotation, et, pour simplifier, nous supposerons d'abord ce chiffre pour tout le versoir. Alors chaque phase aura la longueur suivante :

1re phase : 0m,002133 × 53° 08′ = 0m,113 ⎫
2e phase : 0m,002133 × 36° 52′ = 0m,079 ⎭ 0,192

3e phase : 0m,002133 × 36° 32′? = 0m,079 ⎫
4e phase : 0m,002133 × 4° 53′ = 0m,010 ⎭ 0,089

Soit $\pi = 1540$ kilos et $dL = \dfrac{0,192}{10} = 0,0192$.

Ce petit parallélipipède de terre ABCD (fig. 100) ayant 0m,0192 d'épaisseur et pour base un rectangle de 0m,24 × 0m,18, aura pour poids 1540kil. × 0m,24 × 0m,18 × 0m,0192 = 1kil.,277.

La génératrice, placée à 0m,0192 plus en arrière, supporte un poids *moindre*, que la formule trigonométrique (1) (n° 154) permet de calculer, ou qu'on peut apprécier par une construction graphique telle que celle de la figure 101, montrant la portion du rectangle matériel qui ne presse pas sur la surface du versoir ; on peut faire de même l'estimation du poids supporté par chaque génératrice droite du versoir hélicoïdal, et la somme de ces poids partiels\représentera le poids réellement supporté par la surface du versoir. Dans cette manière d'opérer, le résultat s'éloigne un peu de la vérité, car l'épaisseur des parallélipipèdes composant la tranche est notable ($0^m,0192$). Pour diminuer autant que possible cette erreur, on représentera, au moyen des chiffres précédents, la loi de variation du poids des rectangles matériels sur les génératrices du versoir. Pour cela, sur un axe OX (fig. 110), prenons dix parties égales à $0^m,0192$, à l'échelle de 1 décimètre pour mètre ; en chacun des points de division portons, en perpendiculaires, la valeur des poids supportés par la génératrice correspondante, à l'échelle de 1 centimètre pour 1 kilogramme, à gauche si

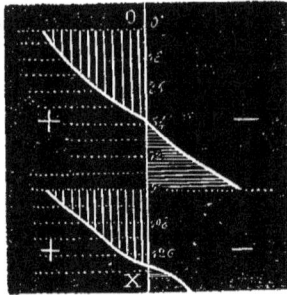

Fig. 110.

le poids est positif, à droite s'il est négatif ; puis joignons les extrémités de ces perpendiculaires. La ligne qui en résulte représente la loi de variation du poids sur les diverses génératrices du versoir.

Pour un versoir dont la longueur serait égale à $0^m,48$, on porterait (fig. 111) dix parties égales à $0^m,048$, et des poids égaux aux précédents, puisque les positions des figures 100-109 se représenteraient exactement pour ce versoir comme pour le précédent, seulement à des distances $0^m,048$, plus grandes que dans le premier cas, $0^m,0192$; donc le poids réellement supporté par le deuxième versoir serait au poids supporté par le premier dans le même rapport que les longueurs 0,48 et 0,192.

Les deux *courbes-lois* (fig. 110 et 111) indiquent bien, du reste, que les surfaces comprises entre les courbes et l'axe sont entre elles comme les longueurs, car les ordonnées sont les mêmes, leurs écartements seuls diffèrent et ont été pris proportionnels aux longueurs totales de chacun des versoirs, puisqu'ils en sont perspectivement la dixième partie.

157. En opérant ainsi (intégrant ou déterminant les surfaces, fig. 110 et 111), on trouve que des versoirs dont les longueurs seraient différentes, pour retourner la même tranche, supporteraient de la part de la terre les pressions indiquées dans le tableau suivant.

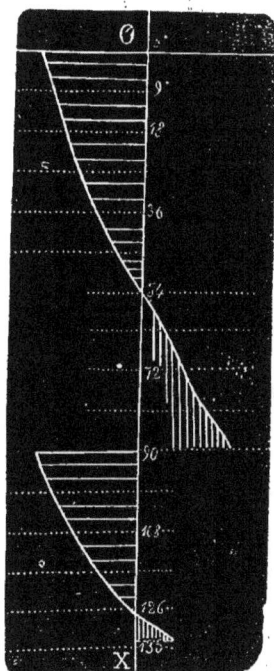

Fig. 111.

La tranche découpée par le soc et le coutre est supposée de $0^m,24$ de large et $0^m,18$ de hauteur.

NUMÉROS des VERSOIRS.	LONGUEUR de la partie		RAPPORT de la longueur de la partie antérieure du versoir à la largeur du labour.	POIDS SUPPORTÉ		
	antérieure.	postérieure.		par la partie antérieure.	par la partie postérieure.	par la surface entière.
	m.	m.		kil.	kil.	kil.
1	0,102	0,089	0,8	3,536	1,641	5,177
2	0,240	0,111	1,0	4,419	2,053	6,472
3			1,2	5,304	2,462	7,766
4		0,156	1,4	6,188	2,872	9,061
5		0,178	1,6	7,072	3,282	10,355
6			1,8	7,956	3,692	11,649
7			2,0	8,840	4,102	12,944
8	0,526	0,245	2,2	9,724	4,512	14,238
9	0,67	0,267	2,4	10,618	4,922	15,532
10	0,88		2,6	11,502	5,332	16,827
11	0,672	0,811	2,8	12,386	5,742	18,122
12	0,780	0,884	3,0	13,270	6,152	19,422
13	0,768	0,856	3,2	14,154	6,562	20,716

158. La bande entière tordue sur le premier versoir pèse, en partant des données numériques précédentes, 12 kil. 778, et, sur les autres, en proportion de leur longueur. Autrement dit, quel que soit le versoir hélicoïdal, la pression de la terre sur la surface travaillante est d'environ les 4 dixièmes (0,405?) du poids de la bande de terre entière.

159. Outre cette pression, le versoir éprouve une certaine réaction à l'avant et à l'arrière de la part de la terre non encore détachée; nous croyons que cette réaction, *cette roideur de la terre*, est d'autant plus grande, que le versoir est plus court, mais il n'est guère possible d'en tenir compte mathématiquement; nous en reparlerons dans le chapitre de la traction.

160. Dans l'hypothèse d'un renversement régulier, la bande de terre se tord sans se rompre tout à fait; de sorte que le poids positif, sur une certaine longueur du versoir, équilibre le poids négatif sur la partie restante, d'où il résulte que la pression est produite par une masse pesante d'une seule pièce, et par conséquent le poids tout entier se répartit uniformément sur toute la surface du versoir : ainsi, en supposant le versoir divisé dans la longueur en dix bandes hélicoïdales, chacune d'elles supporte la dixième partie de la pression totale.

161. Ceci posé, si l'on suppose plusieurs versoirs hélicoïdaux d'égale largeur, mais de longueurs différentes, on comprend que, si les versoirs très courts supportent un faible poids, la traction est une notable fraction de ce poids; au contraire, sur les versoirs très longs l'inclinaison de chacune des hélices est très faible et la traction est une faible partie du poids; mais celui-ci est d'autant plus grand que le versoir est plus long. Il faut donc éviter également de trop raccourcir le versoir ou d'en exagérer la longueur : entre ces limites, il doit y avoir une longueur particulière exigeant le minimum de traction, et c'est de la recherche de cette meilleure longueur que nous allons nous occuper.

Nous avons précédemment démontré (n°⁵ 142 à 146) que si l'on doit élever une tranche de terre au moyen d'un seul plan incliné, celui-ci, pour n'exiger que le minimum de traction, doit faire avec l'horizon un angle égal à la moitié de l'angle complémentaire de celui du frottement : soit, pour fixer les idées par des chiffres, 31° 43′ en terres légères (Ridolfi) et 27° 30′ en terres fortes. Or, d'après ce que nous avons dit (n° 151), tout versoir peut être assimilé à une série de plans inclinés *tracés sur des cylindres concentriques aux arêtes de rotation;* donc il ne pourra jamais y avoir plus d'un des plans inclinés élémentaires du versoir, qui satisfasse à la condition précédente : car si l'on se reporte au développement d'un versoir hélicoïdal mathématique (fig. 110 et 111), on voit que les hélices dont l'ensemble forme la partie antérieure du versoir ont des inclinaisons croissantes à partir de 0° jusqu'à une inclinaison extrême, qui dépend du rapport existant entre la longueur de cette surface antérieure et la largeur du labour. Le poids total de terre se répartissant uniformément sur toute la surface travaillante du versoir, chaque hélice supporte une même fraction du poids total, et, par suite, les tractions partielles vont en croissant depuis l'arête de rotation jusqu'à l'hélice extrême. Si le versoir est très court, les tractions, d'abord très faible en raison du faible poids, croissent très rapidement, comme l'indique le tableau n° 133. Si, au contraire, le versoir est notablement long, la traction des premières hélices est plus grande que dans le cas précédent en raison de la grandeur du poids supporté, mais ces tractions élémentaires croissent très lentement : de sorte qu'on peut facilement prévoir qu'entre les longueurs extrêmes, il y en a une plus favorable que toute autre. Les tableaux de calcul suivants ne laissent du reste aucun doute.

162. Pour arriver à déterminer exactement la longueur du versoir qui, pour une terre donnée, présente le minimum de résistance, il faudrait, après avoir dé-

terminé par expérience l'angle de frottement, exprimer, dans l'équation de la traction horizontale sur un plan incliné d'un angle α [$F = P \times tg\,(\alpha + \gamma)$], le poids P en fonction de la longueur du versoir, et faire l'intégration de cette équation pour des valeurs de α, croissant de 0° jusqu'à une valeur limite A dépendant de la longueur attribuée au versoir dont il s'agit; la somme obtenue exprimerait la traction totale nécessaire pour le versoir considéré. Une intégration semblable pour différentes longueurs de versoirs donnerait, pour chacune d'elles, la valeur de la traction, et l'on jugerait approximativement quelle est la longueur donnant le minimum.

En exprimant algébriquement la loi de variation de ces tractions totales pour des accroissements égaux de la longueur du versoir, différenciant la fonction obtenue, puis égalant à 0 la différentielle, on aurait, en résolvant cette dernière équation, la longueur donnant véritablement le minimum de traction.

C'est en procédant d'une manière analogue que M. Ridolfi a pu déterminer la meilleure longueur à donner à la partie antérieure du versoir hélicoïdal qu'il destinait aux terres de Toscane, dont l'angle de frottement est 26°,34′. Comme ce moyen algébrique est long et conduit à des équations conditionnelles fort difficiles à résoudre, nous croyons plus convenable, pour la généralité de nos lecteurs, de montrer comment on arriverait à déterminer graphiquement la meilleure longueur à donner à la partie antérieure d'un versoir hélicoïdal, lorsqu'on connaît l'angle de frottement de la terre dans laquelle doit agir la charrue, ou, ce qui revient au même, le coefficient du frottement des deux matières en contact.

163. Supposons la partie antérieure d'un versoir héli-coïdal divisée en bandes longitudinales, d'une largeur assez petite pour qu'on puisse, sans erreur trop sensible, les considérer comme des surfaces planes d'une inclinaison constante pour chacune, mais variable et croissante depuis la bande proche de l'axe, très peu inclinée, jusqu'à la bande extrême, fortement inclinée. Chacune de ces dix bandes supportera un *dixième* de la terre dont est chargée la partie antérieure du versoir, et ce poids connu, ainsi que l'inclinaison de chacune des bandes, on pourra, pour toutes, déterminer la traction horizontale nécessaire pour élever le poids de terre en mouvement; la traction sera différente sur chacune des bandes, puisque, bien que le poids à élever y soit le même, leur inclinaison est différente ; la somme de ces tractions horizontales représentera à très peu près la *traction totale*, et, comme les tractions partielles sont parallèles et ont leur point d'application au milieu de la longueur des bandes, on pourra déterminer le point d'application de la résultante ou traction totale de chaque versoir.

Supposons ce calcul fait pour des versoirs hélicoïdaux devant tous prendre la même largeur, mais ayant (dans leurs parties antérieures) des longueurs différentes, nous aurons des tractions inégales pour chaque versoir, et s'il y en a une plus petite que toutes les autres, la longueur du versoir donnant ce minimum de traction sera celle qui devra être adoptée pour la nature de terre dans laquelle doit fonctionner le versoir.

Il nous semblé que cette méthode est facile à comprendre et que les résultats auxquels elle nous conduira
ne peuvent être mis en doute : nous les discuterons, du
reste, plus loin.

Supposons donc que nous voulions déterminer la
meilleure longueur à donner à la partie antérieure d'un
versoir devant renverser une terre de moyenne compacité et telle que l'angle de son frottement avec la fonte
formant le versoir soit de 26°, 34′, ou que le frottement
soit égal à la moitié du poids.

La plus petite longueur qu'il est possible de donner
au versoir est de 0,785 × *largeur de labour* (n° 119
et 120); car alors l'hélice extrême du versoir est inclinée
de l'angle limite 90° — γ, ou 90° — 26°,34′, ou, enfin,
de 63°,26′.

Le versoir le plus court que nous supposerons aura
donc une longueur égale aux 8 dixièmes de la largeur
du labour; les suivants auront des longueurs successives
croissantes de 1/5ᵉ de la largeur du labour, c'est-à-dire
1, 1,2, 1,4, 1,6, 1,8, 2, 2,2, 2,4, 2,6, 2,8, etc.

164. Les inclinaisons des diverses bandes de chaque
versoir se déterminent graphiquement en supposant la
surface hélicoïdale développée, comme l'indique la
figure 94, ou par les calculs indiqués dans la colonne 2
du n° 132. Puis, pour chacune des bandes, ou plan in-
cliné, on détermine la traction par l'équation $F = P \times tg(\alpha + \gamma)$.

165. Nous ne pouvons qu'indiquer ici la marche et
les résultats des calculs sous forme de tableaux.

Les angles α des hélices élémentaires (1ʳᵉ colonne)

ont été déterminés d'après la valeur de leur tangente
(n° 132), ou graphiquement ; les nombres de la 2ᵉ colonne sont obtenus en ajoutant, à ceux de la 1ʳᵉ, l'angle
de frottement 26°,34′. La 3ᵉ colonne renferme les logarithmes des tangentes des angles inscrits dans la 2ᵉ colonne ; la 4ᵉ indique le poids placé sur chaque bande
hélicoïdale et son logarithme ; la 5ᵉ colonne contient les
sommes du logarithme du poids avec chaque logarithme
des tangentes de la 3ᵉ colonne, c'est-à-dire les loga-
rithmes du produit $P \times \mathrm{tg}(\alpha + \gamma)$, ou enfin les logarithmes des tractions partielles F, puisque l'on a
$F = P \times \mathrm{tg}(\alpha + \gamma)$ pour expression de la valeur de la
force motrice horizontale élevant, d'un mouvement uni-
forme, un poids P sur un plan incliné de α et d'un frottement angulaire γ.

Angle moyen des éléments hélicoïdaux. (α).	Somme des angles des éléments et de celui de frottement $(\alpha+\gamma)$	Logarithme de la tangente de la somme des angles, etc. $[\log. \mathrm{tg}\,(\alpha+\gamma)]$.	Poids de terre pressant sur chaque élément et logarithme de ce poids. $(p.$ et $\log. p)$.	Somme des logarithmes de tangente $(\alpha+\gamma)$ et du poids p. $[\log. \mathrm{lg}\,(\alpha+\gamma)+\log. p]$.	Nombre correspondant à cette somme de log. α ou traction. (F).	OBSERVATIONS.
VERSOIR N° 1. — La longueur de la partie antérieure étant égale aux 8 dixièmes de la largeur du labour, ou $L=0.8\times l$.						
5°37'	32°41'	9,79988	$p=0^{k}.518$ $\log. p = 9.71412$	9,51300	0k.326	Le rapport de la traction au poids total est de 7,152.
16 25	42 59	9,96940	Id.	9,68352	0,482	
26 10	52 44	0,41869	Id.	9,83281	0,680	
34 31	60 05	0,24002	Id.	9,95414	0,900	
41 29	68 03	0,39468	Id.	0,10880	1,285	L'angle du plan in-cliné qui, avec le même poids, exigerait la même traction se-rait de 55°28'.
47 43	73 47	0,53634	Id.	0,25046	1,780	
51 56	78 30	0,69154	Id.	0,40566	2,545	
55 50	82 24	0,87475	Id.	0,58887	3,880	
59 05	85 39	1,14880	Id.	0,83292	6,806	
61 49	88 23	1,54939	Id.	1,26351	18,344	Traction totale 57,050.
VERSOIR N° 2. — La longueur de la partie antérieure est égale à 24 dixièmes de la largeur du labour, ou $L=2.4\times l$.						
1 53	28 27	9,73386	$p=1.553$ $\log. p=0.19126$	9,92512	0,842	Le rapport de la traction totale au poids est de 1.0281.
5 37	32 11	9,79888	Id.	9,99014	0,977	
9 48	35 52	9,85913	Id.	0,05039	1,123	
12 55	39 29	9,91585	Id.	0,10711	1,284	
16 25	42 59	9,96940	Id.	0,16066	1,448	L'angle moyen sur lequel cette traction élèverait le poids au-rait 19°14'.
19 48	46 22	0,02073	Id.	0,21199	1,629	
23 04	49 38	0,07055	Id.	0,26181	1,827	
26 10	52 44	0,11869	Id.	0,30995	2,041	
29 05	55 39	0,16530	Id.	0,35656	2,273	
31 53	58 27	0,21483	Id.	0,40309	2,530	Traction totale 15.971.

166. Nous ne donnons les détails des calculs que pour deux versoirs extrêmes; mais, d'après ces exemples, tout lecteur familier avec la trigonométrie rectiligne pourra composer les tableaux des tractions partielles pour les versoirs intermédiaires. Voici, du reste, quels seraient les résultats des calculs pour tous les versoirs :

Versoir n° 1 : La longueur L de la partie antérieure étant égale aux *huit dixièmes* de la largeur l du labour ou $L = 0.8 \times l$, la traction totale calculée est de 37.030.

Versoir n° 2 : $L = 1 \times l$, la traction $F = 18.656$.

Versoir n° 3 : $L = 1.2 \times l$, la traction $F = 15.928$.

Versoir n° 4 : $L = 1.4 \times l$, la traction $F = 15.110$.

Versoir n° 5 : $L = 1.6 \times l$, la traction $F = 14.842$.

Versoir n° 6 : $L = 1.8 \times l$, la traction $F = 14.966$.

Versoir n° 7 : $L = 2.0 \times l$, la traction $F = 15.218$.

Versoir n° 8 : $L = 2.2 \times l$, la traction $F = 15.553$.

Versoir n° 9 : $L = 2.4 \times l$, la traction $F = 15.971$.

Versoir n° 10 : $L = 2.6 \times l$, la traction $F = 16.433$.

Les calculs renfermés dans ce tableau se rapportent aux terres moyennement compactes et indiquent comme résultat approximatif que la meilleure longueur est, dans ce cas, comprise entre les 16 et 18 dixièmes de la largeur du labour, c'est-à-dire que la partie antérieure d'un versoir, destiné à agir dans ces terres et à y retourner une bande de $0^m,27$ de largeur, devrait présenter une longueur comprise entre $1,6 \times 0,27$ et $1,8 \times 0,27$, ou entre $0^m,432$ et $0^m,486$.

Pour déterminer plus exactement cette longueur, nous

représenterons graphiquement, figure 112, les résultats du tableau précédent. Les distances égales horizontales représentent des *cinquièmes* de la largeur du labour à

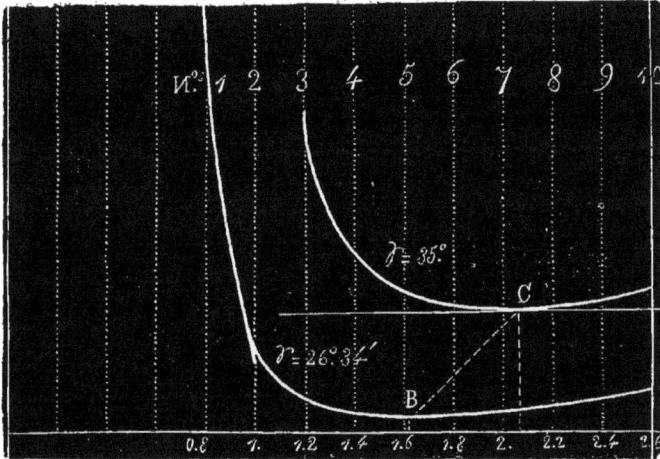

Fig. 112.

l'échelle de $1/9^e$: ainsi les nombres 0.8, 1, 1.2, etc., indiquent 8 dixièmes ($\frac{4}{5}$) de la largeur, 10 dixièmes ($\frac{5}{5}$), 12 dixièmes ($\frac{6}{5}$), etc., et les numéros indiqués sont les numéros des versoirs des longueurs diverses supposées dans le tableau précédent. A chaque point de l'horizontale indiquant le rapport de la longueur du versoir (partie antérieure) à la largeur du labour, 0,8, 1,0, 1,2, etc., nous avons porté en verticales les tractions totales des versoirs correspondants, d'après le tableau, et à l'échelle de 2 millimètres pour 1 kilogramme (au delà de 14 kilogrammes). Puis les sommets de ces verticales, ayant été joints, ont donné une courbe continue dont le point le plus bas, B, indique la traction minima pour cette nature de terre, et il est facile de voir qu'on obtiendra ce minimum d'effort ($14^{kil},800$) en prenant un versoir dont la partie antérieure aura une longueur égale à 1,62 multiplié par la largeur du labour. Cette courbe indique, en outre, que l'on peut prendre une longueur un peu plus grande ou un peu plus petite que celle donnant le minimum sans que la traction augmente sensiblement : ce qui arrive généralement pour les minima ou maxima.

167. Si l'on fait des calculs analogues à ceux du tableau du numéro précédent; mais en supposant, au lieu de l'angle de frottement 26°34', s'appliquant à des terres moyennement compactes, celui de 35° applicable, d'après nos expériences, aux terres fortes, on trouverait, en résumé, pour les versoirs des longueurs indiquées précédemment, les *tractions totales* suivantes :

Versoirs n°s 1 et 2 : Leurs longueurs étant trop faibles, la traction totale est infinie ; ou plutôt, la terre n'est plus retournée, mais brisée, en avant du versoir, et *mousse.*

Versoir n° 3 : L $= 1.2 \times l$, traction totale F $= 33.119.$
Versoir n° 4 : L $= 1.4 \times l$, traction totale F $= 24.760.$
Versoir n° 5 : L $= 1.6 \times l$, traction totale F $= 22.383.$
Versoir n° 6 : L $= 1.8 \times l$, traction totale F $= 21.662.$
Versoir n° 7 : L $= 2.0 \times l$, traction totale F $= 21.512.$
Versoir n° 8 : L $= 2.2 \times l$, traction totale F $= 21.731.$
Versoir n° 9 : L $= 2.4 \times l$, traction totale F $= 22.032.$
Versoir n° 10 : L $= 2.6 \times l$, traction totale F $= 22.526.$

La seconde courbe de la figure 112, page 151, résume

ce second tableau : la traction minima, égale à $24^{kil.},500$,
est au point C et correspond à une longueur de versoir
(partie antérieure) égale à 2,07 × la largeur du labour.
Soit 2,07 × $0^m,27 = 0^m,559$ pour retourner une bande
de $0^m,27$ de large en terres fortes.

168. Nos lecteurs ont certainement compris que les
poids de terre supposés, de même que les angles de
frottement, ne peuvent être, faute de séries d'expériences
sur le frottement des terres, que des nombres approxi-
matifs ; mais, bien que ne présentant pas une exactitude
tout à fait mathématique, ils s'éloignent très peu de la
vérité. Nous ne sommes pas partisan de la science par
à-peu-près ; mais, dans le cas dont il s'agit ici, nous
croyons que les nombres pratiques que nous allons pro-
poser sont suffisamment exacts, et voici nos raisons.

L'angle de frottement d'une même terre, avec un
versoir de nature donnée, varie avec l'état hygrométrique de cette terre ; ce même angle varie avec l'état
de poli et de propreté du versoir d'une même nature.

*On peut prendre, sans augmenter sensiblement la trac-
tion, une longueur un peu plus petite ou notablement plus
grande que celle donnant le minimum ;* les courbes de la
figure 112 prouvent la vérité de cette remarque.

En nous basant sur ces remarques et quelques expériences, nous donnons les chiffres pratiques suivants
pour fixer les idées, et comme conséquences pratiques
de ce qui précède :

1° Dans les terres assez peu consistantes (calcaires à
grains grossiers, en grande partie siliceuses) pour que
la motte détachée par le coutre et le soc ne conserve pas

9.

à peu près sa forme sur le versoir, la longueur de la partie antérieure du versoir sera égale à une fois et un quart la largeur du labour;

2° Dans les terres conservant presque sans déformation leur forme de parallélipipède sur le versoir, mais se brisant dans plusieurs sens, la longueur de la partie antérieure du versoir sera égale à une fois et deux tiers la largeur du labour;

3° Dans les terres calcaires très fines ou un peu argileuses, dans les terres franches contenant une assez forte proportion de silice, la longueur de la partie antérieure du versoir sera égale à deux fois la largeur du labour;

4° Dans les terres très argileuses, cette longueur sera de deux fois et un cinquième la largeur du labour.

169. Ces conséquences sont absolument vraies, si l'on suppose que le versoir est en *fonte* et que les terres *fortes* sont assez bien assainies pour qu'elles ne s'*attachent* pas après le versoir, et, enfin, *lorsqu'on veut avant tout* que la résistance présentée par le versoir *soit la plus faible possible*. Mais une question de pratique a toujours plusieurs faces :

Il est bon, certainement, que la résistance causée par le frottement de la terre sur le versoir *soit la plus faible possible;* mais la forme et la longueur à donner au versoir pour satisfaire à cette condition peuvent être défavorables au point de vue de la *bonté du labour en terres fortes :* c'est-à-dire que l'on peut désirer que le *versoir* des charrues destinées aux terres fortes soit d'une forme telle, qu'il tende à *rompre* les bandes du labour, et éviter par là qu'elles se *durcissent* en longues bandes en se desséchant.

Cette nouvelle condition engagerait à faire un versoir *plus court* que les calculs précédents ne l'indiquent.

En outre, si la charrue doit marcher en *terres fortes collantes* (*argilo-calcaires fines* surtout), l'adhérence étant proportionnelle à la *surface du versoir*, on a intérêt à diminuer la longueur de celui-ci, bien qu'ainsi on *augmente* la traction, comme le prouvent les calculs précédents ; il est vrai qu'on peut diminuer la *surface* du *versoir* en conservant la longueur exigée pour le minimum de traction, et en *rétrécissant* ce versoir, en l'*échancrant*, car pour qu'une tranche de *terre forte* se renverse, il n'est pas nécessaire qu'elle soit poussée par une surface aussi large que cette tranche : c'est ainsi qu'en de vieilles charrues une simple planche, étroite et longue, d'une inclinaison convenable, forme un bon versoir. Le lecteur doit donc considérer les chiffres résultant des calculs précédents comme des points de départ pour déterminer la meilleure longueur à donner aux versoirs, suivant la nature des terres ; mais ces chiffres peuvent être modifiés, en plus ou en moins, dans des cas particuliers : terres argileuses humides, terres collantes, etc., et aussi d'après les habitudes de la culture locale ou les différents labours, c'est-à-dire suivant que l'on désire briser la bande de terre, en la retournant, ou, au contraire, la conserver intacte ; suivant que la terre à labourer est gazonnée ou déjà ameublie, etc. Mais bien que nous reconnaissions la possibilité de s'écarter, en plus ou en moins, des chiffres déterminés comme meilleures longueurs de versoir, cela ne veut pas dire que ces chiffres n'ont aucune utilité : ils sont, pour le constructeur de charrues, un point de départ indispensable, et le retirent du vague de l'empirisme ; vague si funeste en agriculture, que l'on peut dire qu'il vaut mieux se décider à faire une chose *par une mauvaise raison* que de s'habituer à la faire *sans aucune raison*.

170. La partie antérieure du versoir hélicoïdal n'a pour but que de redresser la *bande de terre* en faisant faire un quart de tour à chacun des rectangles matériels qui la composent : la partie postérieure que nous avons à étudier doit donc *prendre* successivement chaque élément parallélipipédique, ou chaque rectangle matériel (fig. 113), posé sur son petit côté AC, et le faire tourner autour de l'arête C, comme axe de rotation, en le renversant jusqu'à ce qu'il tende à tomber de lui-même ou soit couché sur la dernière tranche de terre renversée.

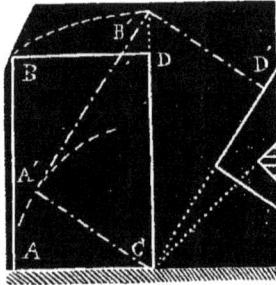 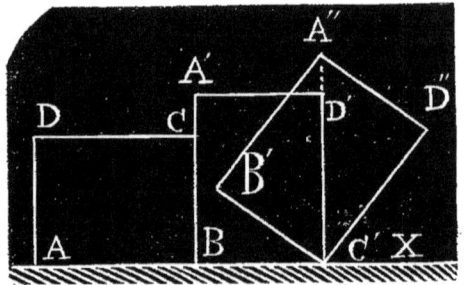

Fig. 113.   Fig. 114.

171. Le rectangle tend à tomber de lui-même (si la terre est assez meuble) lorsqu'il est poussé un peu au delà d'une position telle, que sa diagonale soit verticale (fig. 114). Cette position d'équilibre instable doit être

d'autant plus dépassée que la terre a plus de consistance, de cohésion.

172. Lorsque la terre à labourer est très compacte et présente une espèce d'*élasticité*, c'est-à-dire tend à se redresser après le passage du versoir qui l'a tordue d'un bloc, les parties encore placées sur le versoir *retenant* celles qu'il a déjà renversées, il est nécessaire de prolonger le versoir suffisamment pour conduire chaque rectangle jusque sur la dernière tranche renversée et même l'y comprimer légèrement pour assurer sa stabilité. Cette dernière disposition se rencontre dans quelques belles charrues anglaises : elle y est même parfois exagérée.

173. Les raisons qui nous ont fait poser en principe que la partie antérieure du versoir doit être une *surface réglée* dont les *génératrices* soient *normales* à l'*arête de rotation*, subsistent encore pour la partie postérieure ; enfin, la condition qui conduit à l'adoption de la surface hélicoïdale reste la même aussi : c'est-à-dire que les génératrices également distantes sur l'arête de rotation doivent faire, deux à deux, des angles égaux : autrement dit, la torsion de la terre doit être égale sur toute la longueur de la tranche pendant son renversement, comme pendant son redressement.

174. Suivant que l'on voudra agir sur le petit ou le grand côté des rectangles matériels, le renversement pourra se faire par deux espèces de surfaces très distinctes, bien que toutes deux satisfassent aux quatre conditions énoncées dans le numéro précédent : 1° surface réglée, 2° arête comme directrice, 3° génératrices

normales à cette directrice, 4° angles d'écart égaux pour des génératrices également distantes.

175. La première espèce de surface postérieure est absolument semblable à la partie antérieure, mais moins large : sa première génératrice, X, Y, est horizontale, et les suivantes, N, M, de plus en plus inclinées (fig. 115).

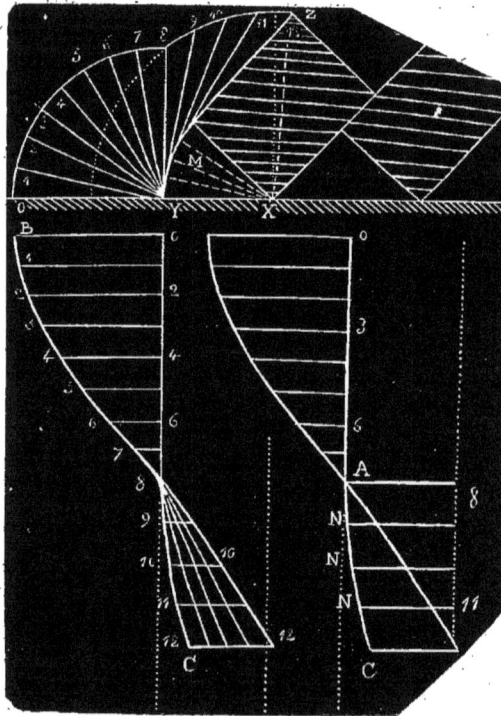

Fig. 115.

Cette surface glisserait sous la terre, soulèverait chaque rectangle matériel par son petit côté et le ferait tourner autour de l'arête Y, jusqu'à ce que ce rectangle ait dépassé la position d'équilibre instable de la figure 114 d'une quantité suffisante pour que la terre (légère) tende à tomber ; ou même, jusqu'à ce que les rectangles matériels soient couchés sur la bande précédente (la terre supposée très compacte).

176. L'inclinaison de la dernière génératrice de cette surface postérieure hélicoïdale est facile à trouver par une construction graphique : il suffit de faire, à une échelle quelconque, le rectangle ABCD (fig. 116) dont la base AB est égale à la profondeur du labour ($0^m,18$), la hauteur AC égale à la largeur de la tranche à retourner ($0^m,24$) ; puis, prolonger la verticale BD, et du point B, avec le rayon BC, décrire l'arc de cercle CC' ;

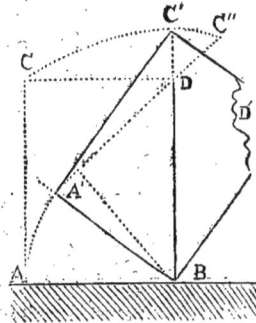

Fig. 116.

BC' est la diagonale du rectangle placé dans sa position d'équilibre instable ; pour faire le rectangle dans cette position, des points B et C', et successivement avec la largeur et la profondeur du labour comme rayons, on décrira des arcs de cercle dont la rencontre donnera les points A' et D'. A'B est la dernière génératrice de cette petite surface hélicoïdale ; mais, pour assurer la chute du rectangle, il faut dépasser cette inclinaison ABA' de 3 ou 4 degrés, au moins, et d'autant plus que la terre est plus compacte ; alors, le rectangle est poussé jusqu'en BC'', par exemple, et tend à tomber de lui-même.

177. On peut calculer l'inclinaison ABA' en observant que l'angle A'C'B est égal à l'angle ABA', comme ayant ses côtés perpendiculaires aux côtés de ce dernier angle ; or, l'angle A'C'B a pour tangente trigonométrique le rapport $\dfrac{BA'}{A'C}$ ou $\dfrac{h}{l}$, en représentant par l la largeur du labour et par h sa profondeur ; pour une tranche de terre de 0,27 sur 0,20 d'épaisseur, l'angle donnant l'équilibre instable serait de 36°32′, et la dernière génératrice BA″ devrait être inclinée d'environ 40 degrés pour que la bande après le passage du versoir tende à tomber d'elle-même. Une tranche moins épaisse et aussi large, $0^m,27$ sur $0^m,10$, exigerait que la dernière génératrice A″B fût inclinée de 23 degrés, A'B l'étant de 20 seulement.

178. Si l'on doit conduire chaque élément de tranche jusque sur la dernière bande de terre renversée, l'angle de la dernière génératrice se déterminera graphique-

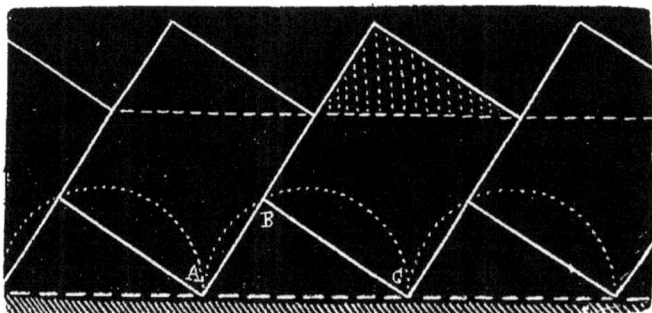

Fig. 117.

ment par la figure 117. Les bandes sont figurées couchées *stablement* l'une sur l'autre ; or, B et B' sont distants d'une largeur de tranche, car les arêtes de rotation n'ont pas changé de place; les triangles BA'B', B'A''B'' sont rectangles, et les côtés A'B', A''B'' représentent l'épaisseur du labour; le triangle BA'B' se construit en décrivant sur l'hypothénuse BB', comme diamètre, une demi-circonférence ; puis, du point B' comme centre, avec la profondeur comme rayon , un arc de cercle coupant en A' la demi-circonférence et joignant A'B. A'B, dernière génératrice, est inclinée d'autant plus que la largeur du labour est plus grande par rapport à la profondeur (fig. 117 et 118).

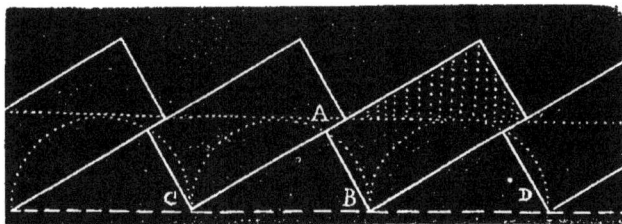

Fig. 118.

179. L'angle A'B'B peut être calculé en considérant qu'il a pour *cosinus* le rapport $\dfrac{B'A'}{B'B'}$ ou $\dfrac{h}{l}$, h représentant la profondeur du labour et l sa largeur. Les dimensions du labour étant celles du numéro 174, l'angle de la dernière génératrice devrait être de 42°12' (pour 0m,27 sur 0m,20) et 67°30' pour les cas de 0m,27 sur 0m,10 de profondeur.

180. Il est visible que, cette espèce de surface postérieure étant absolument de même disposition que la partie antérieure, sa première génératrice étant aussi

horizontale, la longueur correspondante au minimum de traction, ou la cinquième condition, est la même que celle de la partie antérieure, pour un même nombre de degrés de rotation. Ainsi, en terre légère, la longueur serait égale à 1,62 × largeur du labour, pour un quart de tour (partie antérieure) ou 90°; soit $\dfrac{1.62 \times \text{largeur}}{90}$ pour chaque degré.

Si donc on veut conduire la bande de 0^m,27 sur 0^m,20, jusqu'à ce qu'elle tende à tomber d'elle-même (n° 174), il faudrait que la partie postérieure fasse tourner de 40 degrés, ou ait une longueur de $40 \times \dfrac{1.62 \times 0.27}{90}$ ou 0^m,198, et la prolonger de 20°12′ ou de 12 millimètres, au moins, pour coucher stablement les rectangles.

181. Cette première espèce de surface postérieure est, comme on le voit, très facile à définir et à déterminer; elle aurait le grand avantage, faite à part et pour plusieurs profondeurs, avec la même largeur, de permettre de faire des charrues réellement propres à prendre des profondeurs très différentes; cependant elle n'est pas adoptée. Voici les raisons qui s'opposent peut-être à son adoption : 1° la première génératrice devant être horizontale, il serait difficile, sinon impossible, d'établir cette fin de versoir; 2° cette partie postérieure serait tout à fait indépendante de la partie antérieure, car ces deux surfaces n'ont qu'un point commun (fig. 115), et il serait, par suite, très difficile de fixer solidement cette seconde partie du versoir; 3° si peu que la tranche de

terre se soit déformée sur la partie antérieure, il en résulterait que le nouveau petit versoir saisirait mal le petit côté de la bande et le renversement pourrait être mal fait. Ces trois raisons suffiraient chacune, prise à part, pour exclure cette première espèce de surface postérieure, malgré son apparente simplicité. Cependant nous ferons voir, plus loin, comment on peut essayer de vaincre ces difficultés de construction.

182. Au lieu de soulever les rectangles matériels en dessous, par leur petit côté, on peut les *pousser*, de gauche à droite, par leur grand côté, de façon à faire encore tourner ces rectangles autour de l'arête Y, figure 115 ; mais alors les génératrices MZ de cette nouvelle surface travaillante sont perpendiculaires à celles YM de la surface précédente, comme le montre la figure 119. Les génératrices droites N, N, N s'appuient,

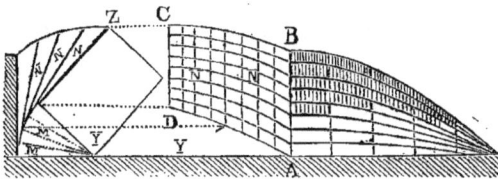

Fig. 119, 120.

en bas, sur la petite hélice AD (fig. 120), tracée sur un cylindre d'un rayon égal à la profondeur du labour et, du haut, sur une hélice BC concentrique à la première et tracée sur un cylindre dont le rayon YZ est égal à la diagonale du rectangle, section de la tranche de terre.

183. Cette surface est la seule adoptée, et on la désigne souvent sous le nom d'*appendice de Ridolfi*, juste

hommage rendu à l'auteur qui le premier a défini exactement la génération de cette partie du versoir hélicoïdal ;
elle est, comme on voit (fig. 119), perpendiculaire à la
surface hélicoïdale postérieure déterminée numéro 172,
et jouit de propriétés tout à fait semblables. Ainsi, les
distances des génératrices, par rapport à l'axe de rotation ou·à l'arête YA, étant égales, les écartements angu-
laires sont aussi égaux ; de sorte qu'en divisant chaque
génératrice en un même nombre de parties égales et
joignant tous les points homologues, on trouve une
série d'hélices (fig. 120) toutes parallèles et semblables,
que l'on peut considérer comme les génératrices courbes
d'une surface hélicoïdale (3ᵉ génération, n° 129) qui,
développée sur un plan, serait formée d'une suite de
lignes droites représentant ces hélices. La différence
entre cette espèce de surface hélicoïdale et celle de la
partie antérieure consiste en ce que les génératrices
droites, au lieu de s'appuyer toutes sur une droite, axe
de rotation, sont tangentes à un cylindre de rayon
égal à la profondeur du labour; c'est, suivant nous, une
surface hélicoïdale *plus générale* que l'hélicoïde ordinaire, formant la surface antérieure : l'une (*droite*) est
remplacée par un cylindre; mais, nous l'avons déjà
remarqué, les propriétés de cette nouvelle surface sont
analogues ou plutôt identiques avec celles de la partie
antérieure du versoir. M. Ridolfi n'a pas reconnu, dans
cette partie postérieure de son versoir, une véritable
surface hélicoïdale, parce qu'il ne considérait pas ce
genre de surface à tous les points de vue que nous
avons indiqués dans les numéros 127, 128 et 129.

184. Nous avons d'abord admis (n° 156), pour calculer le poids de terre supporté par un versoir, que la
longueur de la partie postérieure était la même que celle
de la partie antérieure, pour le même nombre de degrés
de rotation ; mais il est actuellement nécessaire de
remarquer que la surface hélicoïdale postérieure a pour
première génératrice (3ᵉ mode, n° 129) une hélice déjà
notablement inclinée, au lieu de commencer, comme la
partie antérieure du versoir, par une hélice d'une inclinaison nulle. Il est donc à présumer que, pour n'exiger
que le minimum de traction, la longueur de la partie
antérieure sera supérieure, pour chaque degré de rotation, à celle de la partie antérieure.

Cette observation n'infirme pas les résultats du calcul
graphique représenté par les tableaux des numéros 164
et 165 ; c'est-à-dire que la meilleure longueur est bien
celle que nous avons trouvée, en supposant un poids
approximatif; mais toutes les tractions de ces tableaux
devraient être un peu plus petites ou un peu plus
grandes que celles indiquées. Nous pouvons donc rechercher séparément, par la méthode employée déjà
pour la partie antérieure, quelle serait la longueur correspondante au minimum de traction de la surface postérieure, et la meilleure partie antérieure suivie de la
meilleure partie postérieure composera le meilleur
versoir, au point de vue de l'économie de traction.

185. Nous avons adopté les mêmes dimensions de
tranche que dans les calculs précédents, c'est-à-dire
$0^m,24$ de largeur de labour et $0^m,18$ de profondeur ; puis
nous avons supposé des parties postérieures de versoir

ayant en longueur une fois 1, une fois 2, une fois 4, etc.,
la largeur du labour pour 90 degrés de rotation ; et, en
supposant développées les dix hélices élémentaires qui
forment ces surfaces postérieures, nous avons déterminé
leurs inclinaisons par rapport à l'axe de rotation
(1re colonne) ; la deuxième colonne est la somme de ces
inclinaisons et de l'angle de frottement ; la troisième
donne les logarithmes des tangentes des angles indiqués dans la deuxième, ou les rapports entre les tractions et les poids pour chacune des inclinaisons de la
première colonne ; la quatrième colonne donne les
sommes du logarithme de la troisième, avec le logarithme du poids supposé le même sur chaque hélice et
dépendant de la longueur admise pour la partie postérieure du versoir ; il croît lorsque cette longueur augmente. Les nombres de cette colonne représentent donc
les logarithmes des tractions partielles ; enfin la cinquième colonne donne ces tractions.

186. Il suffit de considérer les tractions totales (colonne 6) pour voir qu'elles vont en décroissant à mesure
qu'augmente la longueur de la partie postérieure du
versoir jusqu'au rapport 2.8 ; au delà, la traction
reaugmente : le rapport 2.8 est donc approximativement, pour les terres légères, celui qui donne un *appendice* correspondant au minimum de traction.

187. Pour déterminer la meilleure longueur de la
partie postérieure d'un versoir en terres fortes, le calcul
est du même genre ; seulement l'angle de frottement
est 35 degrés au lieu de 26°34', et le meilleur rapport
trouvé est sensiblement 3.32.

Table a des tractions partielles et totales d'une série de versoirs (partie postérieure) pour te rres légères.

Angle moyen des éléments hélicoïdaux, (α).	Somme de chacun des angl. précéd. avec celui de frottement. $(\alpha+\gamma)$.	Logarithme de la tangente des sommes des angles précédents. $[\log.\ tg\ (\alpha+\gamma)]$.	Poids de terre pressant sur chaque élém. et log. de ce poids. $(p\ et\ \log.\ p)$.	Somme des logarithmes des tangentes $(\alpha+\gamma)$ et du poids P. $[\log.\ tg\ (\alpha+\gamma)+\log.\ p]$.	Nombres correspondants à ces sommes de logar. ou tract. partielles. (F).	Tractions totales.	OBSERVATIONS.
VERSOIR N° 1. — La longueur de la partie postérieure est égale à une fois la largeur du labour pour un renversement de 90°.							
50°24'	76°58'	0,63548	$p=$0k205. et log. $p=$ —1+ 0,31239	—1+ 0,94787	0k887		On ne compte que la portion de cette surface nécessaire pour conduire la bande un peu au delà de l'équilibre instable.
52 09	78 43	0,70002		0,01241	1,029		
53 46	80 20	0,76870	Id.	0,08109	1,205		
55 15	81 50	0,84312	Id.	0,15551	1,431		
56 46	83 14	0,92572	Id.	0,23841	1,730		
57 58	84 32	1,01908	Id.	0,33147	2,145		
59 10	85 44	1,12723	Id.	0,43962	2,752		
60 19	86 53	1,26400	Id.	0,57639	3,770		
61 22	87 56	1,44266	Id.	0,75505	5,689		
62 22	88 56	1,73004	Id.	1,04243	11,027	31k669	
VERSOIR N° 10. — La longueur de la partie postérieure est égale à 28 dixièmes de la largeur du labour pour 90°.							
23 24	49 55	0,07490	$p=$0k574 et log. $p=$ —1+ 0,75906	0,83396	0,6823		Idem.
24 44	51 15	0,09554		0,85457	0,7154		
25 59	52 33	0,11580	Id.	0,87486	0,7496		
27 13	53 49	0,13582	Id.	0,89488	0,7850		
28 30	55 04	6,15585	Id.	0,91494	0,8221		
29 43	56 17	0,17565	Id.	0,93474	0,8604		
30 54	57 28	0,19526	Id.	0,95432	0,9002		
32 04	58 38	0,21495	Id.	0,97404	0,9419		
33 43	59 46	0,23449	Id.	0,99355	0,9853		
34 18	60 52	0,25387	Id.	1,01293	1,0302	8,472	

188. Voici le résumé des tableaux du calcul des tractions sur les dix versoirs (parties postérieures), car il serait trop long de les donner en détail. L, étant la longueur de la partie postérieure pour un renversement d'un quart de tour ; l, la largeur du labour, et F, la traction, on a :

Versoir n° 1 : L = 1 × l, la traction F = 31.669.
Versoir n° 2 : L = 1.2 × l, la traction F = 13.877.
Versoir n° 3 : L = 1.4 × l, la traction F = 10.727.
Versoir n° 4 : L = 1.6 × l, la traction F = 9.547.
Versoir n° 5 : L = 1.8 × l, la traction F = 9.085.
Versoir n° 6 : L = 2.0 × l, la traction F = 8.734.
Versoir n° 7 : L = 2.2 × l, la traction F = 8.557.
Versoir n° 8 : L = 2.4 × l, la traction F = 8.462.
Versoir n° 9 : L = 2.6 × l, la traction F = 8.448.
Versoir n° 10 : L = 2.8 × l, la traction F = 8.472.

189. Si l'on fait des tableaux de calculs analogues pour les parties postérieures de différents versoirs, l'angle de frottement étant supposé celui des terres fortes, c'est-à-dire 35 degrés environ, on aurait en résumé :

Versoir n° 1 : L = 2.4 × l, la traction F = 14.089.
Versoir n° 2 : L = 2.6 × l, la traction F = 12.164.
Versoir n° 3 : L = 2.8 × l, la traction F = 12.004.
Versoir n° 4 : L = 3.0 × l, la traction F = 11.941.
Versoir n° 5 : L = 3.2 × l, la traction F = 11.947.
Versoir n° 7 : L = 3.6 × l, la traction F = 12.955.

190. Les conséquences de ces calculs sont :

1° Dans les terres moyennement compactes, la longueur que doit avoir la partie postérieure du versoir

pour économiser le plus possible la traction est de
2,6/10 fois la largeur du labour pour un quart de tour
de renversement; mais comme la partie postérieure ne
doit, au plus, que faire tourner de 45 degrés, ou 1/8 de
tour, la longueur réelle de la partie postérieure exigeant
le moins de traction serait de 1 fois 3/10 la largeur du
labour, en terres moyennement compactes, et de 1 fois 1/2
dans les terres fortes.

2° On peut s'écarter sensiblement des longueurs donnant le minimum de traction sans que celle-ci soit sensiblement augmentée.

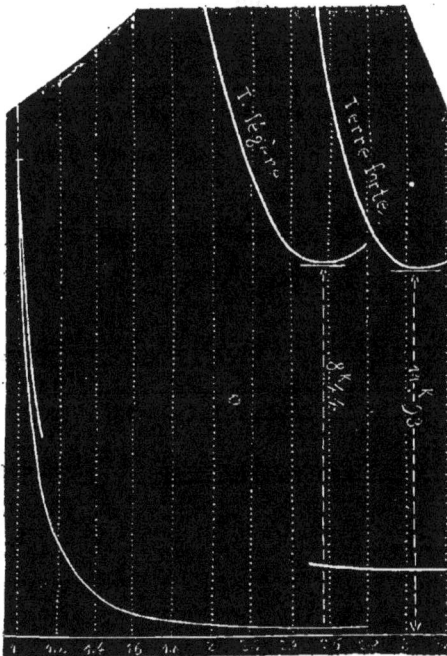

Fig. 121.

191. La figure 121 est la représentation graphique

des lois de variation de la traction des parties postérieures de versoirs ayant des longueurs croissantes. La grande courbe à gauche de la figure a pour ordonnées (verticales) les tractions du numéro 186, à l'échelle de 1 millimètre par kilogramme au-dessus de 7.5 : les abscisses (horizontales) représentent des cinquièmes de la largeur du labour, à l'échelle de 4ᵐᵐ,7/10 pour *un cinquième*.

Cette courbe indique d'une manière frappante que la traction due à *une partie postérieure du versoir ayant pour longueur* 1 *fois la largeur* est très grande (31.7); que la traction n'est plus que 13.9, si la longueur de la partie postérieure est 1 fois 2/10 celle du labour, etc.; que la traction est la plus petite possible (8.44), quand la longueur de la partie postérieure est égale à près de 2 fois 6/10 la largeur du labour, et que si cette largeur est dépassée, la traction va en croissant.

La courbe marquée *terre légère* (fig. 121) représente la portion de la courbe précédente dans l'intervalle des abscisses 2 et 2.8 à une échelle de *un centimètre par hectogramme* au-dessus de 8 kilogrammes. Cette courbe indique clairement, par son *inflexion*, le *minimum* de traction 8.44, correspondant à une *longueur* de partie postérieure égale à environ 2 fois 6/10 la largeur du labour. La courbe marquée *terre forte* (fig. 121) est la représentation graphique des chiffres du numéro 189, à l'échelle de 1 centimètre pour chaque hectogramme au-dessus de 11.50. On voit par l'inflexion que le minimum de traction pour la partie postérieure d'un versoir en terre forte correspond à une longueur égale à un peu

plus de 3 fois la largeur du labour. Mais il faut remar-
-quer que la traction croît beaucoup moins vite lorsque
l'on prend une longueur excédant celle du minimum
que lorsque l'on fait trop courte la partie postérieure du
versoir. Ce n'est donc que dans le cas de *terres collantes*
qu'il pourra être avantageux, au point de vue de la
traction, de prendre une longueur plus faible que celle
correspondant au minimum ; et même il vaut mieux,
dans ce cas, et pour des terres consistantes surtout,
conserver au versoir la longueur convenable et diminuer sa largeur pour restreindre autant que possible
l'*adhérence*.

NOTA. — L'importance de la charrue et, en particulier, du
versoir, nous a entraîné à des développements qui pourront
paraître un peu trop longs à quelques lecteurs. Nous les prions
d'attendre, pour juger les pages précédentes, que nous ayons
donné, dans une livraison prochaine, les modes d'exécution de
tous les modèles de versoirs mathématiques purs ou modifiés
suivant les nécessités pratiques. Nous ferons aussi l'examen des
divers versoirs empiriques ; nous traiterons la question si contro-
versée de l'avant-train, celles de la traction, du régulateur, des
seps, et enfin nous examinerons en détail les charrues célèbres,
anciennes et modernes, et nous espérons prouver que la pratique
s'accorde toujours avec la saine théorie.

TABLE DES MATIÈRES

FIN DE LA TABLE DE LA 2ᵉ LIVRAISON DE LA MACHINERIE AGRICOLE.

OUVRAGES DU MÊME AUTEUR :

LE GÉNIE RURAL : paraît par livraisons mensuelles. L'année............ 16 »
DRAINAGE. L'art de tracer et d'établir les drains................... 3 »
DE L'ÉTABLISSEMENT DES PORCHERIES. Dispositions diverses, constructions 2 50

BIBLIOTHÈQUE DE L'AGRICULTEUR PRATICIEN (1).

A. Goin, éditeur, quai des Grands-Augustins, 41.

(1) L'Agriculteur praticien, revue de l'Agriculture française et étrangère : 24 numéros par an,
    figures dans le texte. — Prix : 6 fr.

Evreux, A. Hérissey, imp. — 457.

www.ingramcontent.com/pod-product-compliance
Lightning Source LLC
Chambersburg PA
CBHW050105210326

41519CB00015BA/3833